日本尋味記

徐成 著

推薦序一

私の父は料理人でした。

父は長年通ってくる常連客を満足させるために日々変わらぬ精進を50年以上続けた人で、父の料理人としての人生から見れば十数年と言う短い期間ですが、父の仕事を間近で見ることができた事は貴重な経験となりました。なかなかお合いすることも叶わない方々とお話をさせて頂くことが出来たのもその貴重な経験の一つです。私が徐氏と知り合ったのはコロナ渦以前の父の店でした。ある日徐氏は自身が撮影した料理の写真をまとめた本をプレゼントして下さり、来店の度に彼の豊富な経験や情報を聞かせもらう機会に恵まれました。

10年ほど前から東京ではグルメブームの波に乗り毎月のように多くの店が開店している反面多くの店が閉店して行く中で、父は常々「店を繁盛させられるかは今日いらしたお客様に『またこの店に来たい』と思ってもらう事ができるかだ」と、口癖のように言っていました。

お客様に変わらずご贔屓にして頂くためにそれは今までにない新しいお料理を提供することもあるでしょう。今までにない大胆な素材の組み合わせや盛り付け、食し方の提案まで昨今の料理には目を見張るものも多く、そしてその新たな試みが素晴らしい料理を産む事もあるでしょう。ですが見た目が全く変わらない伝統的な料理であっても現代人の好みに合わせ「美味しいと」言わせる料理にする事、日々仕入れる素材の状態、その日の天気ひいてはお客様の体調に合わせて少しずつ変えて提供し続ける事もある意味での新しい料理ではないでしょうか？

　お陰様で父の店には海外からも多くのお客様にお越し頂いていた中で、徐氏は「美味しいものと変わったものは違う」と言い続けていた父の言葉を理解して頂いた貴重なお客様のお一人がだと私は思っています。それも全て氏の食に関する知識、ひいては日本料理に対する造詣の深さによるものだと確信しています。

　そんな氏が新たな書籍を出版されるとお聞きして、今から読ませて頂くのが楽しみです。

西真紀子

令和６年１月

先父是一名料理人。

50多年來，先父孜孜不倦，為滿足長年支持我們的常客，日夜鑽研。相較於先父的廚師生涯，我能夠近距離觀察他工作的時間，大約僅僅十年而已，雖然短暫，卻是一段寶貴的經歷。其中寶貴的一點，就是可以與平時不怎麼有機會遇見的人交談。新冠疫情前，我與徐先生相識於先父的餐廳中。某日，徐先生送了我一本他拍攝的美食相冊。此後，他每次來餐廳，我都有機會聽他講述自己豐富的經歷和各種資訊。

過去十年，東京掀起了一股美食熱潮，每月都有許多餐廳開業，亦有許多餐廳關門。先父常掛在嘴邊的一句話是：「餐館生意興隆的關鍵，就在於讓今天來的顧客有『還想再來這家店』的想法。」

為了得到顧客的喜愛，我們也需要提供前所未有的新菜。當今的餐飲發展多有讓人大開眼界者，從大膽的食材組合、擺盤到食用方式，有時這些新的嘗試會帶來意想不到的美味。然而，把一道和舊時一樣的傳統料理，烹調得符合現代口味，讓食客們由衷稱讚「好吃」；並根據每天採購的食材、天氣以及顧客的健康狀況，不斷在烹飪上進行細微的調整，在某種意義上，不也是一種新料理嗎？

很榮幸，許多外國顧客都曾光顧我們的餐廳。我父親常說「可口的食物和獵奇的食物是兩碼事」，相信徐先生是最能理解這句話的寶貴顧客之一。我深信，這一切都歸功於他對美食、乃至對日本料理的高深理解。

聽說徐先生要出版新書，我翹首以盼，期待早日開卷。

西真紀子

令和 6 年 1 月

（譯：徐成）

認識徐成，由看他的作品《香港談食錄》開始，他寫中菜寫得有深度，關於菜系、歷史及烹調均有見解，可見其文化底蘊之深，加上文筆流暢風趣，確是一本好書。在未認識徐成本人之前，還以為他是位老香港中年人。原來徐成是位來自金融界的年輕學霸，因酷愛美食而成為飲食作家。

因食結緣，我與徐成認識後成為好朋友，還開展了一個重要的合作關係。我和陳紀臨負責《香港地方志·飲食卷》的總撰工作，內容是記錄由古代至 2017 年間的香港飲食，將之集結成 30 萬字的誌書。香港的飲食，比世界上任何一個城市都更精彩，我們把它分為幾十個不同的題目來修撰，邀請多位專家作家好友一起合作。其中，日本菜一項，我邀請徐成執筆，不作他人之想，結果大為驚喜。徐成把本來我規劃的 5,000 字限，寫成了三、四倍的字數，細讀之下，文章研究之深入，內容之豐富，令我反覆細讀，捨不得因為要控制字數而落筆刪改，深感我們完全找對了人。將來《香港地方志·飲食卷》出版，請大家務必留意「日本菜」一欄，欣賞徐成之功力。

像大多數的香港人一樣，我其實對日本的飲食文化認識很膚淺，一切始於去日本旅行。我和老陳由 80 年代開始就曾多次在日本作自駕遊，行程由最南端的九州到最北的北海道，除了欣賞風景和民俗外，最主要是品嘗日本的食物。30 多年前，沒有手機，沒有互聯網，沒有導航，手上拿著一張英文地圖和一本旅遊書，在東京機場租了部車，心口寫著「勇」字就出發了，全車有老有少都不懂半句日文。

那是一種冒險，開著車到處闖，停車也亂停，被警察截停了，就用英語加手勢友好解決，也沒有出過什麼問題。最重要的是先學會去油站加油，懂一句「炆得」即加滿，他若再問多一句，我們就不知道怎樣回答，講著對方聽不懂的英語，全車人都只能在傻笑。

到吃飯時就只根據餐廳外展示的食物模型，指手畫腳的亂點，吃的只有壽司、魚生、天婦羅、拉麵、關東煮等，不知道是好或不好，反正能吃飽，偶爾碰到一家認為好吃的餐館就記上幾十年。印象最深的是在一個下雨天的晚上，我們又凍又餓，在東京附近的八王子開車亂走找吃，見到一家古老的活燒鰻魚店，看中文字叫「重兵衛」，長長的白布上畫著一條大鰻魚，肯定沒錯，不曾想竟然吃上我認為是到今天為止吃過最好的蒲燒鰻魚。這家店的燒鰻魚做了幾代人，即叫即宰即燒，味道鮮美極了。可惜我們沒有留下地址，幾年後再去八王子，怎麼也找不到了。看了徐成的書，就知道哪裏會有我們 30 多年來魂牽夢縈想吃的燒鰻魚，腦海中已是垂涎三尺。

讀到徐成書中介紹東京築地魚市場，當年是我家老陳去日本出差最後一日必到的地方，買一大塊肥美的劍魚腩，打包上飛機帶回香港，是我和孩子們最期待的禮物，但在香港吃日本菜卻很少有劍魚腩刺身。

近二、三十年資訊發達，對日本菜的認識多了，要求也自然就高了，在互聯網上就能查到好的餐館，包括米芝蓮餐館，又可以預訂。我們也曾自訂北海道的一家私房菜，吃了什麼已經忘記了，也算是很好的體驗。

《日本尋味記》卷一是一本很有深度的飲食文化書，除了帶我們尋味日本外，書中的知識，能夠加深讀者對日本飲食的理解，增加樂趣和啟發美食靈感，開闊了對日本菜的視野。

希望你跟我一樣，喜歡這本《日本尋味記》卷一！

方曉嵐
飲食文化作家
2023 年 秋

代自序

當時只道是尋常

原本 2020 年安排了好幾段赴日行程，訂了些新開的餐廳，想探索一下和食及壽司的新勢力。沒想到一場疫情來襲，除了 3 月初的京都之行，其他所有行程都泡了湯。3 月去京都已是人心惶惶，大家在飛機上都戴起了口罩，至 3 月 8 日回港，次日日本政府便宣佈封關了。一夜之間，疫情把原本熟悉的生活節奏徹底打破，整整兩年多的時間裡別說旅遊了，回家探親都幾成奢望。

疫情有萬般讓人不如意的地方，但有一點意外的正面效應——它讓我們的生活從高速狀態慢了下來，從而有更多時間去回顧和審視之前的生活。在這個過程中，我們才能認清什麼是最重要的，什麼只是隨波逐流的被動追求。於我個人而言，這段經歷非常重要。

疫情前的 2019 年，日本已成為世界美食愛好者的焦點地區之一，舉凡愛吃的人都以赴日覓食為樂，從而令原本體量就小的餐廳迅速爆滿，日本餐廳的預約難度水漲船高。為了一頓飯而飛一次日本的事我可沒少做；因為要維持預約，必須一次次回訪，這反而限制了我的活動範圍和眼界。即便一年去十幾次日本，我也沒有時間去探索除了優秀餐廳雲集的大城市之外的區域。日本有許多人文和自然景點十分值得拜訪，但在疫情前我一直騰不出合適的時間。再者，日本去太多次，年假所剩無幾，有時候還要做急匆匆的週末旅行，除了日本之外，世界那麼多地方都沒時間去。而由於餐廳預約困難，為了維持與餐廳的關係，無形中也承受了許多壓力和焦慮。加之頻繁赴日，味蕾和身體都已疲乏，有時候為了能湊上預約困難餐廳的時間，甚至做出一日三頓正餐的瘋狂舉動，那種狀態下對美食的欣賞力自然受損。

疫情讓這一切都暫停了，也讓我更清晰地意識到哪些餐廳是摯愛，哪些是可去可不去，大可不必人云亦云，受制於同儕壓力。近三年沒去日本尋味，若說毫不思念，那一定是假話，但也因這漫長的等待，讓我把吃飯這件事放到了正確的優先度上，我再不會因為一個預約而焦慮不安了。

去年聽聞日本開關在即，我自然想第一時間重回日本品嘗那些美味，但在安排餐廳時最多一日兩餐，大部分時間都是一日一餐，留下更多時間去吃日常小店，並到處走走看看——我終於第一次參觀了心心念念的正倉院展。

當飛機降落在成田機場時，那種熟悉又陌生的感覺竟讓我有一絲感動。出國旅行的意義很多時候在於一種特殊的間離感，脫離本國語言、文化和風土人情，會讓簡單的日常事物都變得有趣起來。雖然日本與中國同屬東亞文化圈，語言文化乃至生活習慣上都有相似之處，但畢竟仍是異國他鄉，時隔三年後突然有了一種重新探索的新鮮感。作為疫情後第一次出國旅行，我在日本呆了 10 天，拜訪了 12 家餐廳，有之前就非常熟悉的，也有從來沒有去過的。與疫情前的美食之旅相比，這一次重新找回了當年剛開始去日本尋味時的那種興奮感。即便是早已熟悉的餐廳，三年不去也如初訪般開心。

日本的餐廳整體水平依舊極高，即便三年時間外國遊客幾乎無法前往，但本國食客的高要求令餐廳繼續保持著高水平。本身日本餐廳的高水平便不靠外力，而是來自內因的驅動。但疫情之後，日本對外國遊客的服務水平顯著下降了。不似 2019 年時東京上下都期待著奧運會，人人都願意開口說幾句英語，那種氛圍已經一去不復返。很多酒店、商場和餐廳為了降低成本，辭退了不少針對外國遊客而招聘的員工，導致不會日語的遊客未必能獲得如東京奧運會之前的那種貼心服務。支離破碎的日式英語讓人頭大，而本國消費的活躍也令一部分服務業者覺得外國客人可有可無。

疫情後，一些功成名就的餐廳似乎開始走下坡路，曾是日本職人普遍信仰的「一生懸命」精神似乎部分讓位給了賺錢和對工作舒適度的追求；而一些富有的外國投資者往往能提出高到令日本廚師咋舌的海外開店簽約金。由此似乎日本職人的狀態也開始出現了分化，有些餐廳依舊堅守著自己的理念，不僅保持著高水準，甚至比三年前更上一層樓了，重回這些餐廳吃飯可以說是讓人感動的體驗；有些餐廳則名氣猶在，水平大幅滑坡，令人感慨。不過每個廚師都有自己的職業道路選擇，也許日本餐廳從來就不是整齊劃一地遵循一個職業理念的，作為食客只需要選擇自己喜歡的餐廳去拜訪就可以了，無須為日本飲食界的變化杞人憂天。

日本人對於外食的需求極大，這直接促進了日本餐飲業的蓬勃發展，無論是精緻餐廳，還是中檔或日常餐廳都有品質突出者。日本人均餐廳保有量是非常驚人的，以日本人常用的餐廳點評網站食べログ（Tabelog）的數據為例，其登錄的餐廳多達 85 萬家，按照 2021 年日本總人口 1.257 億計算，人均餐廳保有量為 0.00676 家；再來看同樣餐飲業發達的香港，根據食環署截至 2023 年 10 月底的數據，持牌食肆約 1.7 萬家，同樣以 2021 年香港總人口 741.3 萬計，人均餐廳保有量僅 0.0023 家，只有日本的三分之一。

而且在地域分佈上，日本餐廳具有自身特點。東京這樣的大城市自不用說，日本文化裡有「上京」的概念，許多在地方做得風生水起的主廚都有進軍東京的宏願。大城市有好餐廳是多數國家和地區都具有的特點。比如香港的好餐廳多數分佈在中上環、灣仔、銅鑼灣和尖沙咀等商業繁榮的區域。然而好比出世入世，日本有不少安於一隅的隱世高手，許多偏遠小鎮都有水平極高的餐廳，他們的主廚曾在名店修業甚或在國際著名餐廳工作過，但依然選擇回到故鄉用自己的技法去展現本地風土。因此食客們為了一家餐廳跋山涉水在日本是十分常見的現象。這一特點與後文將論及的「在地性」亦密切相關。

日本國土狹長且多山，氣候四季分明，因此物產的時令性非常突出。在飲食上對時令的講究是日本餐飲非常顯著的特點。傳統上，中國烹飪也講究「不時不食，割不正不食」[1]，但在經歷了較長一段物資匱乏的歲月後，隨著養殖種植技術的發展，有一段時間我們似乎非常流行搞反季節食材。這幾年此一風氣逐漸消弭，精緻餐廳亦逐步回歸彰顯時令的正軌上。某種程度上說，日本料理對此起到了一定的撥亂反正的示範作用。品嘗時令是一種重視當下，感受四季輪轉、時光流逝的重要途徑。

時空上重時令之外，地理上重在地性亦是日本餐廳的一大特點。我們去日本的市場會發現，本國的物產總是賣得更貴。這並不是說日本產的食材就一定冠絕世界，定價策略一方面是由於本國優質食材產量有限，另一方面則體現出日本人對在地性的極度重視。如今流行的「農場到餐桌」(Farm to table) 理念其實和日本餐廳對在地性的重視不謀而合，一地之餐廳盡可能體現一地之風土，我想是一種非常合理且應該鼓勵的理念。

我們中國人很多時候講究排場和規模，認為一個餐廳開得大就是氣派，分店開得多就是成功。這在連鎖式餐飲集團角度而言無可厚非，但從精緻餐飲角度講則並不成立。連鎖餐廳為了品控必須要進行中央廚房化的安排，主廚本質上只是一個流程的執行者。這一類餐廳作為日常餐廳可以保證出品的穩定，但若作為目的地餐廳則讓人覺得意興闌珊。日本的餐廳多是家庭式的，體量頗小，主廚一般亦是店東，因此其在出品和用餐體驗方面的決定作用是毋庸置疑的。每家成功的餐廳都帶著主廚濃重的個人印記，食客對一個餐廳的喜愛，除了菜品本身以外，往往夾雜著對主廚個人魅力的判斷。這是日本精緻餐廳另一個重要特點。由於體量小，預約困難也在情理之中，一家新店在形成了穩定的熟客群體後，逐漸失去接納新客人的意願也變得合情合理。因為一方面客人選擇自己喜歡的餐廳，另一方面主廚選擇可以欣賞和理解自己料理的客人，這是一個雙向建立的過程。

中日兩國的關係自近代以來就波折不斷，國人對於日本的感情也十分複雜，時政外交又影響著兩國各方面的互動。本卷討論日本餐廳，完全無意涉及政治。一直以來我對於在飲食散文寫作中灌注太多微言大義的傾向都保持十萬分警惕，寫作的初衷在我看來永遠都應是有感而發，至情方能至理，剩餘部分則是讀者的工作了，每個人從我的文字中感受到什麼，並不在我的預判之內。本卷所有文章的出發點都是記錄個人的用餐體驗和遊歷經歷，並抒發一些很個人的感受與議論。

若再能深一層，則是希望從文化和歷史的層面進行記錄，以期「他山之石可以為錯」[2]。從文化上看，中日兩國相互影響之深無出其右者。無論是文字還是語音，抑或生活習慣及飲食文化，中國對日本的影響都十分深遠。插花、點茶、掛軸、焚香等習俗無一不源自於中國，而這些習俗內化成具有日本特色的花道、茶道、香道後又影響著日本料理的方方面面。外來影響的內生化也是日本餐廳的一大特點，囿於篇幅，暫不展開。

傳統日本料理是一套制度完備，儀式繁複的系統，但在 21 世紀的當下，年輕一代的日本廚師和食客正在重塑我們認知中的日本料理。去儀式化和進一步追求純粹的飲食之美成為了近十年來十分顯著的一個趨勢，孰優孰劣很難一概而論，留待諸君自己去探索和體驗。

本卷原定於 2023 年 4 月交稿，因本職工作繁忙難以全身心投入寫作，延宕數月至 11 月方完稿，感謝三聯書店同仁們的理解和耐心等待。最初的計劃是按照城市或區域集中性寫作，後發覺命題作文實在非我所長，因此決定不限於一城一地，集結了過去創作的十數篇文章，並補寫新篇若干後成冊為《日本尋味記》的第一卷。讀者朋友閱讀時可挑選自己感興趣的城市探索，後續關於日本餐廳和飲食的文章也將按照這個思路結集出版。

去年，我獲邀參與《香港地方志》的撰寫工作，其中負責的一個章節即為《日本料理》。在整理資料和撰寫的過程中，我才意識到原來日本料理進入香港的時間遠比人們認知的要早。這一段歷史中也有許多有趣的地方，因此在獲得允許後，我決定將這一章節的初稿作為附錄放在本卷中，標題則改為

《香港日本料理簡史》，以供讀者參考。

在本卷的寫作和編輯過程中，十分感謝我的編輯寧礎鋒先生，他的耐心等候和鼓勵是我安心寫作的重要動力。也感謝編輯李毓琪小姐，本卷的前半部分溝通均是與她進行的，她也全程關心著本卷的寫作和編輯工作。

感謝為本卷作序的陳太方曉嵐女士，她是飲食界的前輩，看她的著作和聽她講飲食界掌故是一種享受。感謝西真紀子女士為本卷作序，她出身於如此著名的料理世家，也親歷了京味幾十年的風風雨雨，她看日本料理的眼界自然高出我許多，是我一直請教的前輩。當然還要感謝我的 W 小姐，書裡幾乎所有餐廳都是我們一起拜訪的，裡面有共同的回憶，希望這些回憶也可為讀者帶去一些樂趣。

餐廳是一時一地的產物，廚師更是生命有限的凡人，有想去的餐廳就要趁著當下，不要猶豫，世間諸般事，當時只道是尋常，回望卻已不可復得。

2023 年 11 月

於香港

註

1 語出《論語》之《鄉黨第十》。

2 語出《詩經》之《小雅．鶴鳴》。

目錄

Été

築地市場
京味
龍吟本店
神保町傳
すきやばし次郎
すし喜邑（㐂邑）
日本橋蛎殻町すぎた
鮨さいとう
野田岩

築地市場的清晨 1

曾經，築地市場的清晨開啟了東京乃至全日本甚或海外的美味一天，而這一切都已成為回憶。

在築地市場的發展歷史中，有兩起天災人禍扮演了重要的角色。

一是 1657 年的明曆大火。後西天皇明曆三年正月十八至二十日（3 月 2 至 4 日），江戶城歷經三日大火，三分之二的江戶城毀於一旦，根據 2004 年（平成 16 年）3 月日本內閣府發佈的報告書顯示，死亡人數達六萬八千餘人。明曆大火後，德川幕府決定在江戶填海造地，而這一片填海所得之地，便稱為「築地」，意為「築造之地」。

二是 1923 年 9 月 1 日的關東大地震。此次地震對東京造成了巨大的破壞，當時日本海鮮食材集散地日本橋魚河岸市場

築地市場內場

遭到重創。之後政府徵用彼時供外國人居住的築地區域作為臨時魚市場。

1935 年築地市場正式落成。至 2018 年 10 月 6 日最後一個營業日，歷經 83 年光陰。

疫情前有一段時間，似乎非常流行去築地市場逛一逛。無論日本料理是否吃夠了，很多人去東京旅遊時都對築地市場有些執念，以至於 2016 年東京都政府宣佈築地市場要搬遷的時候，不少遊客遺憾萬分，似乎比餐飲從業者還要受影響。於是在築地市場搬遷時間推延至 2018 年 10 月後，一大波遊客紛紛湧去參觀。其實對普通遊客而言，何必去人家的菜市場蹚渾水呢？遊客一多還影響正常的經營秩序，實在有些不知所謂。

但沉迷於日本美食者，自然難免對這個全世界運營規模最大的魚市場有些好奇心，尤以始於 1936 年的拍賣競標制度最吸引遊客的目光。不過當年參觀築地市場需要遵守一些規則，比如參觀鮪魚拍賣需要提前預約等。從搬遷前幾年開始，遊客已無法自由進入內場，只有在廚師帶領下方可參觀。

從許多年前第一次去東京開始，我就一直說一定要看看鮪魚拍賣，然而直到築地市場關閉我都沒有實現這個願望。一想到要兩三點起身趕去築地市場，便下不了決心，感覺第二天都要浪費了。想必很多朋友跟我一樣，實在起不來床（或者說熬不了夜），沒法實現圍觀鮪魚拍賣的夢想。不過話說回來，築地市場的有趣之處並不僅僅在於鮪魚拍賣。如果對日本料理瞭解甚微，趕早看個鮪魚拍賣也只能是外行看熱鬧，至於其中的門道大概是看不出幾分的。

築地市場作為東京乃至日本的食材集散中心，自然有很多其他有趣處。凌晨的鮪魚拍賣只是其中一環，即便 9、10 點鐘去，也依舊可以進到內場逛逛，看看那些餐桌上熟悉的食材在鮮活狀態下是什麼樣子的，也可以圍觀批發商處理漁獲的過程；當然這麼晚去，剩下的漁獲已經不多，有一些區域則是對外開放的零售攤位，也可去買些新鮮的應季水果帶回酒店吃。

有次雖然起得晚了，但我們還是打算去內場看一看。彼時築地市場已經不允許遊客隨意進入，保安詢問了我們的參觀目的，我用僅會的幾句日語和他說了我知道些有名的批發商云云，他便讓我們進去了。各地街市我逛了不少，平時亦喜歡買菜做飯，但築地市場作為一個專業的食材集散市場，其整潔程度令人印象深刻。即便內場石板路多有積水，卻沒有太重的魚腥臭味；各店舖分工明確，佈局合理，行走其中令人應接不暇。

也有些遊客愛去築地場外的幾家壽司店排隊吃壽司，因為有一種錯誤的觀點認為築地市場外面的壽司店絕對是最「新鮮」的。其實壽司的所謂新鮮並不是廣式蒸魚的即劏即蒸，大部分漁獲都需要經過排酸、熟成、醃製、浸漬等處理，我一聽到有人說某某壽司店主打「新鮮」便懶得再說什麼了。當年第一次去築地市場的時候已經是早晨九點多了，沒想到外場的壽司店依舊人潮湧動，混亂的隊伍扭成麻花狀。我圍觀了一下排隊的人群後，果斷放棄，反正當天中午預約了鮨水谷，不需要排隊吃壽司了。

不過有幾次紅眼航班清晨到了東京，酒店尚不能入住，於是就到築地外場吃早餐，雖然不吃壽司，但拉麵、豬肉生薑燒蓋飯以及鳥めし鳥藤（Torimeshi toritou）的親子丼[2]倒也吃過幾次。

在築地市場走馬觀花了一次之後，我決定擇日與名廚再去一趟，這樣才能對整個市場和料理人的日常工作有更為直觀的認知。某次在木村康司師傅那裡吃飯，說到築地市場快要搬遷，我還沒有機會與廚師同遊，他說那好辦，你過幾天和我一塊去吧。於是 2018 年 9 月 27 日清晨，在築地市場關閉前 10 天我終於實現了與名廚同遊內場的計劃。

當日東京細雨，清晨 5 點 45 分我們準時來到築地市場內

鳥めし鳥藤分店　親子丼

場門外。木村師傅過來接我們，原來他已經完成了當日的基本採購，只剩下少數幾樣食材需要購買。每日無論風霜雨雪，只要餐廳營業他就會親自來築地市場進貨，這是匠人精神的體現。疫情之後據說一些功成名就的大師傅已經不太親自出馬，都讓大學徒負責採購，只能說時代確實變了。

彼時木村師傅剛開始解放思想，願意去海外進行一些客座活動了，於是他利用業餘時間學了些基礎英語。因此一路上他都用簡單英語夾雜日語，為我們介紹築地市場的運轉情況以及一些著名的批發商等。路上間或遇到一些相熟的料理人，大家簡單打個招呼或寒暄幾句便各自忙碌去了。雖然木村師傅基本不用金槍魚，但他還是帶我們去了幾家著名的金槍魚批發商，路過石司的時候還被店主打趣道「木村桑[3]，何時開始用金槍魚呀？」

雖然當天大部分採購工作已完成，但木村師傅還帶著我們選購了剩餘的幾種食材。他給我們講解各類海膽的種類、產地以及品牌，並讓我們品嘗了幾種他認為較為特別的海膽品種。木村師傅會根據當日穴子的狀態決定是否採購，狀態不好的穴子很難處理，會留有惱人的土腥味。他還採購了一些用於熟成的筋子（未去卵膜的鱒魚籽），並為我們演示了沙丁魚和秋刀魚的初步處理方法。這些銀皮魚他都會在市場裡去除內臟並浸冰水後才帶回店裡。

路上遇到木村師傅的好友高橋隼人師傅，他是著名意大利餐廳 Pellegrino 的主廚兼店東，於是便一起逛市場了。當年 Pellegrino 已十分出名，高橋師傅一人統領整個餐廳，從烹飪到侍酒到服務全由他負責。餐廳很小，又不是每日都開，因此預約十分困難，我那時尚未拜訪，日後才明白為何這麼多人喜歡 Pellegrino。只見高橋師傅挑了一條巨大的白甘鯛魚，當時要價已達 20 萬日元，可見其在食材上是不惜工本的。疫情幾年，日本出現了久違的通脹，疊加日元貶值的影響，食材漲價顯著，現在這一條白甘鯛魚想必要價更高了。重新開關後，一些熟悉的餐廳都迫於食材成本壓力上調了價格，而外國食客的報復性回流導致餐廳預約難度再度升級，著實讓人懷念疫情前的時光。

食材終於採購完畢，兩位主廚拎著食材袋往自己的小車走

上｜著名金槍魚批發商石司

下｜木村師傅處理沙丁魚

去，安放好食材後，他倆帶著我們走上了築地市場的天台。從此處可以俯瞰整個市場，半環形的內場如同一座體育館和車站的結合體，灰蒙蒙的天色下一切顯得深沉而傷感。

所有的離別都會有不捨，即使新舊交替本是人類社會發展的常態，但一處地標的更改和消失依舊是令人動容的歷史事件。曾經，築地市場的清晨開啟了東京乃至全日本甚或海外的美味一天，而這一切都已成為回憶。

2018 年 10 月 11 日豐洲市場啟用後，「築地市場」四字便似乎退出了公眾的視線，成了記憶中的歷史名詞。尤其當 2020 年 3 月 31 日，築地市場舊建築已徹底拆除完畢，就算回到原地亦找不到什麼痕跡了。但築地市場在塑造現當代東京餐飲業過程中的作用是毋庸置疑的，其社會文化的影響則如曲終人散後的迴響，迴蕩在所有人心中。

如今已無法時光倒流重回築地市場，不過豐洲市場承載著當年築地的完整功能，對批發市場運轉感興趣的朋友可以去豐洲市場參觀，也可通過一些相關書籍去瞭解當年築地市場的情況。哈佛大學人類學教授 Theodore C. Bestor（1951- ）用了十餘年時間研究築地市場，於 2004 年出版了學術專著 *Tsukiji: The Fish Market at the Center of the World*（《築地市場：世界中心的魚市場》）。相對於這本厚重難啃且還沒有中文譯本的學術著作，福地享子的《築地通的壽司全知識》（築地魚河岸寿司ダネ手帖）是個比較輕鬆的閱讀選擇。

福地享子曾經是雜誌編輯和作家，某次在熟悉的壽司師傅介紹下，為築地市場批發商濱長製作廣告傳單，於是結緣。

拆遷前的築地市場外觀

1998 年起，福地享子便開始在濱長工作，成為了一名築地人。這本書便是她作為一個築地人為普通食客講解常見壽司食材的小百科，介紹了很多的魚類背景知識，以及每種魚類在築地市場的集散狀況。除了壽司食材的介紹外，還夾雜了許多築地市場的背景知識以及日常運轉情況，有助於食客更詳盡地瞭解這些食材的集散地。

除此之外，福地享子在本書中還介紹了一些日本的漁港知識，一年四季各地的漁獲種類等等，對於吃明白壽司還是有很大的幫助的。即便不做田野調查，也可以獲取較為直觀的信息。書中圖片豐富，除了在築地市場拍攝的海鮮圖片，還有築地壽司清為該書捏製的壽司，書裡的壽司圖片基本都是 1:1 大小。而那些消逝的築地清晨也留存在了這本書的影像裡了。

註

1 本篇基於 2016 年 9 月的一篇舊稿，擴充改寫於 2023 年 3 月 25 日、5 月 20 日及 6 月 24 日。

2 即為雞肉與雞蛋同煮的蓋澆飯，丼字日語讀 don，是盛飯的大碗，後引申為蓋澆飯之意思。

3 「桑」為日語對人的敬稱「さん」之音譯，可理解為先生、女士等。

鄰舍舊京味

京味 1

若將廚師視作藝術家，
則時間是非常重要的創作元素，
因為廚師的作品難以流傳，
僅僅存在於品嘗的一瞬間。

第一次去京味，約的是 8 點半的晚餐。這與常識有所違背，坊間傳聞生客即便預約成功亦都需午餐時間到訪，且要有會日語的朋友同行。我與 W 小姐雖對食材的日語名較為熟悉，但對話是萬萬不行的。因此吃飯路上頗有些忐忑，擔心唐突了西健一郎師傅（1937-2019）和京味團隊。

大隱隱於市，京味位於東京新橋三丁目的一條小巷之中，並不難找。若不知道這家店的名頭，想必鮮有人會注意這小小的店面。京味所在的小樓本質上是現代建築，但底部依舊保留了町屋的特點。木格子、瓦片屋頂；木牆底部裝著竹製的犬矢來（いぬやらい），可防止雨水彈起損壞牆面；店面紅黑配色，與招牌的紅燈籠黑字相協調，簡單而明確；趟門裡面閃著燈光，上一輪客人大概剛剛離去。

我們到達時，門口沒有人，連仲居（女侍）也不見，後來才知道京味的服務團隊基本便是西健一郎的夫人和兩個女兒，與人數眾多的廚師團隊形成鮮明對比。看門口遲疑了會兒，不敢確認這是入口，於是繞到側面，看到有一門洞開，裡面燈火通明，待要進去發現原來是後廚。京味的師傅都穿著板前木屐，也許廚房是老式的三和土地板，廢水會流到地上；亦或只是為了保持視覺身高一致。此刻廚師們在裡面準備著第二輪晚餐。

轉回前門，拉開趟門，見到西健一郎的女兒西真紀子，本以為溝通會是大障礙，沒想到西小姐英語十分流利，毫無日本口音，大概是留過學的。確認了預約後，她安排我們就座，割烹台內西健一郎師傅與我們點頭致意。之前在照片上看到過面容慈祥柔和的西先生，見到真人亦是無比平易近人，在氣場上便給人一種十分放鬆之感，進門之前的緊張感蕩然無存。

西健一郎乃京都人，父親西音松亦是京都著名料理人，二戰前曾為日本權臣西園寺公望[2]的私廚。西健一郎為西音松的第四子，17 歲開始在京都老舖たん熊（Tankuma）修業，20 來歲初露頭角。

1967 年，年滿 30 歲的西健一郎來到東京新橋，開設了京料理割烹店「京味」，這個店名乃是日本茶道裏千家第 15 代家元千玄室（1923- ）所取，室內所掛「京味」二字亦是千玄室親筆，店內另一幅書法作品「真味只是淡」亦是千玄室所書，可謂細節處皆有故事。西健一郎的履歷看似是一個料理世家出身的天才料理人的常見故事，但其實他的付出遠不是幾句流水帳可了結的。

京味開業後，很快名聲遠揚，食客中不乏名人雅士，但西健一郎一直覺得自己未能烹調出可以長久留於食客記憶深處的味道（本当に客に記憶に残る「奥のある味」が出せていないのではないか）。於是他開始謙虛地向父親討教，父親西音松從京都搬來東京，與他一起鑽研料理，直到去世，前後十年有餘。正是在與父親的切磋交流中，西健一郎的料理達到了新的高度。京味也在 50 年間成為了一間傳奇割烹店。

坐在吧枱前，抬頭看京味樑柱上掛著的燈籠，政治家、藝術家，各路名流雲集。如作家志賀直哉（1883-1971）、平岩弓枝（1932-2023），畫家梅原龍三郎（1888-1986），前首相小泉純一郎（1942- ）都是京味的座上賓。真可謂談笑有鴻儒，往來無白丁，生客要想躋進去頗要費些功夫。

京味作為東京日本料理的聖殿，亦培養出了許多名廚，諸如井雪（Iyuki）、くろぎ（Kurogi）、もりかわ（Morikawa）、と村（Tomura）及新ばし星野（新橋星野）等名店的主廚都曾在京味修業。毫不誇張地說，京味培養出了當代東京日本料理（狹義，不包括江戶前料理）的半壁江山。

2007 年底米其林發佈日本第一本指南，據說京味堅決拒絕米其林三星，一時引起話題，似乎顯得京味有排外之嫌。但其實西健一郎在接受採訪時說過，小店接待能力有限，員工不諳英語，店中連刷卡機都沒有；西師傅生怕外國客人來了，不

作者第一次拜訪京味時與主廚西健一郎先生的合影

但不能完全欣賞菜品，還鬧出尷尬，因此婉拒。但現如今有女兒西真紀子幫忙，即便不會日語，外國食客也不會雲裡霧裡了。

京味的吧枱可以坐九位客人，8 點半時，吧枱已滿。除了我們兩人，其餘都是日本人，看樣子都是熟客。更有十三四歲的小姑娘與母親同來用餐，如此年紀便可品嘗高水平的烹飪，實在是幸福。味蕾經驗的積累宜早不宜遲，等到中年了才開始品嘗真正好的烹飪，味覺偏好固化，味蕾功能衰退，大體要靠情懷和書袋支撐了，是很可惜的。

客人入場後，西健一郎師傅便走出吧枱，與客人寒暄起來。他邊聊天邊親自用小夾子為客人扣上餐巾。本以為這只是熟客待遇，沒想到他來到我們面前照樣親力親為，見我們不識日語，便讓女兒來做翻譯，實在是一位和藹的老先生。

按規矩京味不允許攝影，2008 年 NHK 前去拍攝《プロフェッショナル　仕事の流儀》（大概可翻譯為《專業的工作風格》）系列片中的西健一郎特輯，普羅大眾方能見到京味店內的真面目。現如今京味依舊不允許食客拍照，但那日西真紀子小姐允許我們拍攝菜品，不要拍攝其他客人即可，這也是保護客人隱私的考慮。

以前，因為酒精過敏，甚少喝酒，但吃日本料理常愛點個梅酒或香檳，在京味照例要了一杯梅酒。晚餐隨後正式開始。京味上菜撤盤，皆由廚師在板前操作，講菜亦由上菜的廚師負責，唯有溝通不暢時，西小姐前來用英語講解。

作為東京當代割烹的宗師級別餐廳，來京味用餐便好似閱讀一本割烹的經典教科書，端正有序，美味自然。京味的很多特點現如今都已成為割烹店的常規。與傳統懷石的上菜結構相比，京味的菜單相對簡化，菜式套路並不按照懷石流程，譬如我們並未在京味吃到「八寸」這道組合菜式。

5 月中正值端午時節，亦是我和 W 小姐這幾年固定去日本旅遊的季節，第一道前菜便開門見山地上了粽子。這粽子裡面是時令的鯛魚，沒什麼機關，是直白的美味。相伴左右的是豌豆泥和簡單烤製的沙梭魚（鱚），配以醃漬的嫩薑，清口開胃。一場節奏近乎完美的晚餐便如此不動聲色地拉開了序幕。

隨後一小杯蓴菜，酸汁嫩芽，配上少許新鮮山葵，正適合漸漸熱起來的初夏時節。蓴菜乃是江南風物，浙江人十分熟悉。但某些菜館不嚴格按照時令，至過了季節，還提供蓴菜魚圓湯，此時蓴菜大多葉子已張，好似小荷葉般蕩漾在清湯中，黏液少了，口感有種磨砂質感。而日本料理中多選用嫩芽，黏液包裹著嫩芽，爽口至極，配上簡單的酸汁和山葵，真是開胃良菜。兩相對比，顯然後者更可取。

真鯛乃是日本料理中意義重大的一種魚，開篇吃了鯛魚粽，下一道菜又是鯛魚白子。白子常以炭烤入饌，簡單美味，但今日京味的做法卻是油炸，但又不是天婦羅做法。油炸後的鯛魚白子配上氣味清新，帶點辛味的防風葉子，這搭配簡單至極，卻又十分完整。白子高溫油炸後洋溢著蛋白質的香氣，入口後乳狀的白子雖有些燙口，但如此美味怎能停下？防風葉則恰好起到解膩清口的作用。

初夏時節的艾草（日本人稱之為蓬，亦合漢語「艾蓬」之名）正是當季，芝麻豆腐（胡麻豆腐）中加入艾草後，增加了芝麻豆腐本身的味覺層次。芝麻的濃香與艾草的清香交錯在一起，將這道簡單菜式的味覺體驗平衡在了一個恰當的位置——既不會令人覺得芝麻豆腐味重單調，亦不會覺得艾草味喧賓奪主。說起艾草，我與西小姐聊了一會兒，她對蘇浙一帶的青餃青團頗感興趣。

夏日淡路島的赤海膽是海膽中的逸品。京都的賀茂茄子

上｜鯛魚粽子、豌豆泥和烤沙梭魚

下｜茄子田樂燒

（賀茂なす）是著名的京野菜品種。其身材短小，圓滾滾，皮薄肉厚，富有彈性，適合各種料理，即便是簡單蒸製都十分美味。京味將這兩種初夏好食材結合在了一起，海膽放置於味噌田樂烤（田楽，でんがく）的茄子之上，海膽的甜味過渡到味噌味醂的甜味再落於茄子淡淡的甜味中，頂部點綴少許鴨兒芹（三つ葉），三種不同的甜味交相輝映，又是一道簡單得無以復加卻給人滿足感的料理。

產自若狹灣的甘鯛與蔥段同煎，配以少許紅椒，上桌時竟還有「鑊氣」，好似小時候母親炒完菜剛上桌，那香氣迎面撲來，有一種動人心魄的家常味。甘鯛肉質細嫩多汁，鮮甜無比，配上蔥段紅椒顯得有些重口味，味覺上很不像慣常的日本料理，卻給人一種回憶之感。

連續六道令人印象深刻的料理之後，才是刺身（造り）環節。京味並未想要營造任何豪華的意象，所有的菜式都是點到即止，正所謂「真味只是淡」，沒有多餘的成分。刺身亦是如此，真鯛與本鮪，配上少許紫蘇葉與花，便是了。兩種魚之間由紫蘇葉相隔，擺盤亦簡單至極。和歌山紀州海域「一本釣」[3] 的本鮪赤身，肉質細膩，味道淡雅；真鯛肉質緊實，充滿彈性，尾韻鮮甜。簡單而不失格，這也是真鯛第三次出現。

椀物是丸豆腐湯，而所謂丸豆腐便是釀入了鱉肉的玉子豆腐，因為鱉形圓，故以丸字命名。在西健一郎的《京味的椀物》（京味のお椀）一書中，丸豆腐湯列於冬季，且圖片裡真是圓形的。不過這次的丸豆腐卻是方形的，更像客家釀豆腐；因初夏的野生甲魚亦是重要食材，並不違反時令。不同於往常的出汁，這個椀物的高湯以甲魚燉煮，鮮美異常，令人印象深刻。

野生稚香魚（稚鮎）6月方可捕捉，5月吃到的多為琵琶湖養殖，但養殖環境與野生環境相近，優質者差異並不顯著。初夏時節不吃上稚香魚，想必整個夏天都讓人充滿遺憾。京味的稚香魚採用鹽烤做法，配以一大碟碧綠的蓼醋，又是一個最基本而又完整的組合。

京味的蓼醋不玩花樣，味道卻是我吃過最好的之一，蓼淡淡的辛辣味融於米醋中，渾然天成；香魚尾韻的淡淡苦味與蓼醋的酸味相映成趣，即便京味十分慷慨地給了六條，也依然不夠吃。

焚合是日本高湯運用的重要菜式，相較椀物的一番出汁，焚合所用的高湯是熬煮出來的。這道焚合看似簡單，卻起到承上啟下的作用。最早出現的鯛魚粽，之後的鯛魚白子，中間出現的鯛魚刺身，此處則用到了鯛魚卵（鯛の子），晚春初夏的鯛魚如串珠般將整個菜單理出些線索來，令食客會心一笑。與鯛魚卵相配的是蜂斗菜（蕗）及芋艿（芋），配以少許青醋橘皮碎，增添一層淡淡的清香。這菜的味道鮮美淡雅，魚卵帶些細小的筋，咬上去脆而不韌，恰到好處。

若說每一道菜都完美則誇張了，整個晚餐最不喜愛的一道便是藕粉球（蓮根饅頭），先炸後煮，勾薄葛芡（薄葛仕立て），是一道經典的菜式，不能說不好吃，只是與其他菜式相比太過平淡。京味的藕粉球是純粹的藕粉球，夾開看，中心還有些粉狀，並未烹煮至最好狀態。雖然口感糯軟，湯汁鮮甜，

上｜椀物　丸豆腐湯

下｜烤稚香魚

但單調至極。恰好當天中午剛去了京味學徒黑木純出師所開的くろぎ，椀物便是藕球，但他的藕球暗藏機關，裡面是海膽，配以海苔濃湯和青柳貝給人以極大的味覺衝擊。不過作為主食飯前的一道過渡料理，也算是讓人收一下心，準備進入主食階段。

京味著名的烤鱒魚飯（腹すご飯）名不虛傳，鱒魚烤得極香，皮酥肉嫩，配上細膩的白米飯，點綴些鴨兒芹，依然是簡單的搭配，卻有文字難以描述的好處。剛才我們吃著其他菜時，櫻鱒已經在備長炭上慢慢烤製。吃藕粉球時，鱒魚烤製完成，廚師開始剔肉擺盤，時機銜接得恰到好處。烤櫻鱒很多地方都能吃到，作為時令食材，十分常見，但烤得像京味這般誘人，調味如此到位的實屬少見。我對鮭科魚興趣寥寥，京味卻化腐朽為神奇，不得不成為這碗口之臣。

整一頓晚餐廚房有條不紊，雖然內廚人員眾多，空間狹小，但廚師各司其職，毫無混亂之感。西健一郎師傅一邊統領全域，一邊親力親為。京味的廚房頗為老舊，可以看出時代的痕跡，但整潔有序。

所有的操作皆在食客可以看到的範圍內進行，以最簡化的形式呈現高深的料理，廚房到食客是零時差的，割烹追求的便是這樣的一種體驗。相較傳統的懷石料理，割烹的儀式感降到最低，省去了諸多食物之外的因素，對於追求完整體驗的食客而言，是頗有遺憾的。但從另一個角度而言，食物成了絕對主角，優劣皆在舌尖判，沒有任何可以拉分的其他項目，這也是做好割烹的難處。京味顯然是一個如原典般的割烹店，不到京味難以真正理解當代東京割烹的格局。

主食之後便是兩款經典的甜品了，葛粉麵（葛切り）和蕨餅。京味的葛粉麵細膩如水，入口後稍微咬嚼便化開，因此西小姐讓我們趕快食用，即便在冰水裡放置，時間一久也會化開。透明的葛粉麵在黑糖汁中輕輕一蘸，即刻品嘗，沁人心脾，化人燥熱，真是初夏的妙物。這葛粉麵是西健一郎師傅親自製作，幾十年的功夫在這雲淡風輕的簡單甜品中體現。這一味對我個人而言前無古人後無來者，關於葛粉涼麵的記憶被重新書寫，而後來品嘗的亦暫未有超越京味的。

黑糖蕨餅配黃豆粉也是日本料理店十分常見的甜品，京味這款甜品的質感較尋常餐廳的要柔軟，密度相對小些，因此入口後散開速度較快，可以很好地與豆粉結合，不至嚼蠟。

11 點左右晚餐結束，西健一郎師傅聽說我們住在香港便找來女兒做翻譯，與我們聊了會兒天，女將也過來一起聊了幾句。原來老先生頗愛中餐，尤其是粵菜和蘇浙菜，因此每年都會來香港旅行，品嘗不同的餐廳。天香樓、龍景軒、唐閣、尚興潮州飯店等等熟悉的餐廳名字從這位傳奇料理人口中說出，讓我大吃一驚。老先生以前還喜歡去歐洲旅遊品嘗名餐廳，但現在年事已高，十幾個小時的飛機難熬，於是更多地在亞洲遊歷了。我想正是這樣一顆熱愛美食的心，才能讓他幾十年如一日地鑽研廚藝，將京味推上如今的高峰吧？

以前買過一本西健一郎的菜譜書，裡面的菜品看圖片擺盤普通，無甚吸引人的地方。今日親自來了京味，才知道這鄰舍氣質是京味的特點之一。菜品褪去浮華，看似簡單至極，但卻精妙美味。日本料理的儀式感在這裡簡化到最低，除了待客禮

上｜烤鱒魚飯

下｜葛粉麵

儀和餐具搭配外，食物成為了絕對的主角，這也是割烹與懷石／會席的大區別。雖然我很看重用餐的整體體驗，但依舊無法抗拒京味樸素精妙的美感。

時間不早，結帳離去。小巷燈光暗淡，西健一郎師傅穿著高高的板前木屐前來送別。據說他會一直目送客人消失在巷子口位置，於是我們沒有回頭。

傳奇已老，光陰不待，餐廳其實是非常時代化的產物，每一個時代都有自己的名餐廳，都有那個時代的傳奇料理人；若將廚師視作藝術家，則時間是非常重要的創作元素，因為廚師的作品難以流傳，僅僅存在於品嘗的一瞬間。昭和時代的料理人漸次凋零，在我看來，有機會的話應該盡可能頻繁地造訪京味，莫讓心中留遺憾。

註

1 本篇寫作於 2017 年 8 月 21-22 日，寫作前拜訪於 2017 年 5 月晚，後多次拜訪。2019 年 7 月 26 日，西健一郎先生去世，京味於該年年末結業。2023 年 6 月修改。
2 西園寺公望（1849-1940）：清華家貴族出身，日本前首相。
3 一本釣，即不是用網漁法，而是人手逐條釣起。

風來松度龍吟曲

龍吟本店[1]

是否日本料理就應該死守原料的日本屬性呢？原料的日本屬性是否是日本料理的神髓內涵？

7月初，與幾位友人組團，去台灣過了個長週末。行程的起因是台中的樂沐餐廳（Le Moût）要與日本的 L'Effervescence（2016 米其林二星）及 Florilége（2016 米其林一星）合作進行六手連彈（前兩家都位列 2016 年亞洲 50 佳餐廳榜單）。

在熱心台灣朋友的安排下，七八位好友早早預訂好餐廳。除樂沐外，我們還安排了開業已經一年多的祥雲龍吟和 RAW 餐廳。雖中間有小波折，但整體的旅途是愉快的。

不過今日樂沐暫且不表，先來談談三家龍吟。

一

祥雲龍吟[2]是東京龍吟的第二家海外分店，落地合作方是台灣赫士盟餐飲集團。赫士盟集團涉獵的餐廳檔次分散，因此進了電梯，發現龍吟樓上樓下竟是這種檔次的餐廳，與龍吟的定位全然不符。

若論環境，香港的天空龍吟自然是最佔優勢的，環球貿易廣場（ICC）的 101 樓[3]。進入電梯便感覺到一種莫名的儀式感，如龍升騰，直上雲霄。電梯開後，調解下自己受壓迫的耳膜，進入到幽靜的現代與日式結合的餐廳空間中。若是晴天坐得窗邊位，便覺一覽眾山小，夕陽、維港和華燈初上的九龍港島，好不壯麗。

六本木的龍吟本店[4]則屬不卑不亢型，位於六本木七丁目這條各類餐廳密佈的小巷深處。那一日吃完數寄屋橋次郎六本木店，便打算順便去摸一摸龍吟的位置。七丁目走到了底，才望見那綠牆上的一盞幽幽燈籠。定睛一看，小門緊閉，唯門邊上的「龍吟」燈箱向世人訴說著此為何處。

龍吟本店是一座二層小樓，一樓用餐區，二樓則為茶室，用作等候區。龍吟無吧枱，就散桌區域來看，也是較為現代的桌椅擺設，但日本元素隨處可見。三家店之中，本店的色彩是最為濃重的，餐具亦喜用大色塊，重色調和複雜配色的器皿，顯示出主廚山本征治的審美傾向。

六本木龍吟本店舊址門臉

二

龍吟本店開於 2003 年，彼時山本征治年僅 33 歲，在德島青柳師從小山裕久 11 年後，終於在東京創業。年輕時的山本征治野心極大，這從龍吟本店的料理便可看出。他在傳統日本料理的基礎上，融入了大量「離經叛道」的現代烹飪技法，最為引人注目的，便是當時頗為流行的分子料理。-196℃水果糖果與 99℃同一水果的果醬組成的甜品一出，便吸足食客目光。

待得我去年 9 月拜訪龍吟時，米其林已進入日本數年，龍吟維持三星榮譽也已多年。12 年光陰，白馬過隙，連香港分店與台灣分店亦都運轉一段時間了。

這 12 年是和食成為世界文化遺產、獲得全球性關注的 12 年。東京一躍成為全世界米其林三星餐廳最多的城市，連美食重鎮巴黎都甘拜下風。和洋融合之風吹遍全球，一眾餐廳都玩起了日本元素。

但似乎龍吟卻從先鋒派轉為傳統派，原本那種特立獨行的烹飪風格，現在看來已幾近傳統。甚至我拜訪時，連招牌的 -196℃ 水果甜品都更換成了平實的佐渡島無花果。這對於懷著憧憬心態前往的食客，估計是個大失望。

不過以米麴菌為賣點的清酒甜品「發糕」——嚴格講是一種模仿日本糕點御焼き（oyaki）[5] 的糕點——及冰淇淋則依舊保留。米麴菌在 2006 年日本釀造學會大會上被定為日本之「國菌」，龍吟的英文菜單上亦有標注。實際上，米麴菌在中國也是釀酒的重要菌種，例如黃酒的釀造便離不開米麴菌。但美人遲暮，這道甜品放到現在亦不見得十分新奇了。

不僅甜品如此，其他菜式亦都是極富傳統風情的秋季當造菜：清酒蒸鮑魚，配牛蒡與海膽；黑醋北海道毛蟹，撒上些許蘘荷；海鰻松茸小火鍋等等。一餐下來，確實覺得美味飽足，但在任何一家好的懷石會席都可以吃到如此程度。似乎山本征治的風格確實有些轉變，若懷抱驚喜的期待前來，則難免會有所失望。

若要說第一次拜訪本店時，哪一道菜有些意思，那便是北海道的喜知次魚釀烤茄子，配栗子碎。香甜的栗子，滿滿的秋意。茄子與喜知次兩種口感對比強烈的食材被組合在一起，一口咬下，先是酥脆的魚皮；繼而豐潤的魚肉；最後是有嚼勁但多汁的烤茄子，是個有趣的組合。

山本征治在處理海鰻（鱧）時，雖亦遵循傳統的切骨法，但他對海鰻進行了細緻的 X 光研究，更直觀地瞭解海鰻的生理構造。夏末秋初開始便是海鰻的時令了，除了在刺身裡出現了一次海鰻滾水燙外，更有豐盛的松茸海鰻涮鍋。

松茸與海鰻是非常習慣性的搭配，一般在懷石會席中以椀物形式出現。龍吟採取了所謂涮鍋（しゃぶしゃぶ）的形式，配以月見雞蛋，將溏心的蛋黃作為醬汁澆抹於微微汆燙過的海鰻之上。所謂月見雞蛋，便是以雞蛋比喻中秋之月，通常指溏心的雞蛋。

但讓食客自行汆燙是有一定問題的，廚師相當於將一部分烹飪轉嫁給了食客。雖然更讓人有融入感，但海鰻汆燙的程度並非每個食客都可準確掌握。因此最後的成品便有可能脫離食材最佳的品嘗狀態，這是非常令人擔憂的。很多餐廳的廚師會在食客面前，親自料理汆燙或快烤類食材，以確保食材以最佳狀態呈現給客人。

相對於 2012 年開業的香港分店天空龍吟而言，龍吟本店有更為濃重的山本征治風格。餐室內不允許用可更換鏡頭的相機拍照；餐具重色塊，多拼色，大張大合，令人目不暇接。整體用餐而言，素雅稍缺，霸氣十足。

龍吟本店曾經設有中文網頁，但去年便刪除了。到店詢問服務員，據說是因為之前有中國留學生擔當兼職服務員，後來因為中文服務員離職，便取消了中文網站。理由雖是牽強，我也不好再多問。但為我講解的是一個美國出生的日裔年輕人，

上｜清酒蒸鮑魚（攝於龍吟本店）

下｜喜知次魚釀烤茄子（攝於龍吟本店）

英語之好自毋庸言，至今在日本沒有遇到過英語比他更為純粹而流利的服務員了。

當晚由於訂到了 9 點多的場，因此我獨自落座時已是賓客滿堂。發現外國遊客佔了大半，隔壁桌則是一對年輕的香港夫婦。不經意間攀談起來，至今仍保持聯繫，這也是獨自旅行的一些收穫吧。

埋單離去，山本征治匆匆出來送別，咔嚓一聲合影，全然背光，一片漆黑……

三

在第二次拜訪香港的天空龍吟之後，我曾經寫過一篇食記。之後又再去了幾次，正值前主廚佐藤秀明離開，關秀道接班之際。發現交接還算順利，菜品與整體用餐體驗都沒有打折扣。101 層望出去的香港黃昏依舊令人陶醉，而天空龍吟的料理亦保持在水準之上。

相對較為內斂的佐藤秀明，似乎關秀道更接近他師兄山本征治（其當年為山本征治在德島青柳時的師弟）的風格，擺盤及菜品的呈現都相對更為外放了一點。向付的刺身一改長盤簡裝，統一變為大圓盤呈現。刺身種類也從之前的三種增加為五種，盡力讓食客感受到每一季節日本豐富的漁獲種類。

但在拜訪本店之後，重訪天空龍吟，便覺得少了許多個性。佐藤秀明主理時還嘗試進行諸般創新，比如之前的和牛薄片裹吉拉多生蠔[6]，便嘗試了法日食材的融合。自他離開天空龍吟之後，似乎天空龍吟又回到復刻本店成功的老路子上。

多去幾次，便覺得天空龍吟有些乏味。論氣勢不如本店，論創意又不及祥雲龍吟。唯有維港景致乃其他二者不逮，綜合體驗雖不錯，但依舊覺得若能多放開手腳，做些分店風格建設的話，會讓食客印象更深。

四

若說三家之中最有趣者，確實得首推台北的祥雲龍吟。無論是原料的本土化，還是料理手法的新嘗試，抑或是茶酒與菜式的搭配，都顯得分外有創造力。

2014 年 11 月開業以來，祥雲龍吟已經運轉一年多，各方口碑甚好。終於趁此機會前來拜訪。

祥雲龍吟的名字取得好，《易經．乾》有言「雲從龍」，《淮南子》又言「龍吟而景雲至，虎嘯而谷風臻」，故祥雲龍吟名出有典。而祥雲圖案又是中國傳統的吉祥圖案，簡單兩字頗含深意，是個比「天空龍吟」更值得玩味的名字。

不過依舊要說，祥雲龍吟與樓上樓下的餐廳氣質並不相符，食客的第一印象會有所受損。

當日我們一行有 12 人用餐，不過祥雲龍吟的廚房無法同時保證 12 人的出菜，因此我們分成兩桌就坐。從廚房出菜而言，天空龍吟有十人大包廂，同時出菜毫無困難。既然分為兩桌，上菜便有先後，而交談也有所受影響。從這一點而言，用餐體驗是打折的。

菜單以淺綠色大信封裝著，與本店風格一致，不似天空龍吟用絳紫色小信封，一張小菜單都要摺兩次方可放下。封口處則是一枚郵票，尚未開餐便令人感覺祥雲龍吟在細節上與本店更為一致。

台灣受日本殖民較久，這在各方面都留下了印記，日本料理在台灣的落地融合性更好也是意料之中的。山本征治開設祥雲龍吟時曾探訪台灣物產，為祥雲龍吟設計了別樣的本土化菜單。

而香港作為一個近 90% 食材都需要進口的地區，天空龍吟走的是原料空運的路線，宣傳的是食材的日本屬性。拜訪祥雲龍吟前便聽說菜式頗有特點，吃上了才知道這真的是一家在理念上與本店一脈相承，在味覺體驗上卻融合了大量本土特色的風格店。

第一道花蟹配豆腐皮（湯葉），毛豆及蔥醬，這蔥便是宜蘭縣三星鄉所產。在島內三星蔥是極富盛名的，因三星鄉南靠中央山脈，日夜溫差較大，使得蔥葉飽滿，據說生吃也甘甜適口……

之後的每一道菜都可以看到大量台灣物產的身影。鰻魚、甜蝦（胭脂蝦，宜蘭龜山島產）、乳鴿（屏東產）、槍烏賊、龍蝦、海瓜子（基隆產）等等，體現出寶島的豐富物產。如同山本征治在龍吟網站所言，龍吟的料理是要體現出每一個季節，日本物產的豐腴。而祥雲龍吟無疑體現出了台灣當造物產的多樣性。

最近幾年高級餐飲界似乎掀起了使用本土原料的熱潮，譬如 Noma、胖鴨子（Fat Duck）等餐廳，去到一處客座便會盡力發掘本土食材。日本料理在很大程度上，是最難進行食材替換的一種料理，但山本征治顯然接受了這個挑戰。不過使用本土食材只是第一步，處理得是否恰當，菜單設計是否讓人體會到日本料理的神髓，才是問題的關鍵所在。

日本習俗夏日吃鰻魚，祥雲龍吟並沒有按傳統的烤鰻魚出牌，而是來了一道炸鰻魚。本土鰻魚肉質細膩，脂肪含量適當，配以山葵、山椒及梅，醬汁則是蘋果醋與鰻魚魚骨共同熬製而成，自成一格。

更有趣的是一張鰻魚皮做的「煎餅」，薄而脆，香氣撲鼻，配上肥美的鰻魚，正是一個對比強烈的組合。

除了鰻魚的蘸料有趣之外，其他蘸料也都並非遵循通常的做法。譬如向付並未配刺身醬油，而是以蘿蔔泥與果醋相調和，魚生一面抹少許芥末，一面蘸此酸汁，激發出別一番風味。

椀物用的是甲魚高湯，這不算稀奇。甲魚魚翅湯，京都菊乃井本店便有。雖然菜單中寫的是芝麻豆腐，但實際上是葛粉所做的豆腐，香氣與口感都與芝麻豆腐有所不同。

真鯛木之芽海膽燒的理念雖然有意思，但真鯛烤後顯得肉質較為呆滯，而海膽則不及生鮮時清甜。不過擺盤有趣，薯蕷昆布（とろろ昆布）好似殘卷，頗有蒼涼意味。高湯一落昆布便濕透收縮，將魚肉給包裹了起來。這一視覺上的動態反倒比味道讓我印象更深。

之後的海瓜子與乳鴿最令我們一行人印象深刻。

海瓜子在一般印象中較小，食用不便。但祥雲龍吟選擇的基隆海瓜子個體驚人，肉質飽滿，口感清甜。廚師處理海瓜子亦十分細緻，沒有任何砂石澀口，只留得滿嘴鮮香。而海瓜子的清湯與番薯葉亦是絕配，兩者都屬清鮮之物，合於一體更添鮮味。

而屏東乳鴿土佐燒更是菜單中的亮點。乳鴿在傳統懷石中並非常見食材，屏東乳鴿肉質細膩，在土佐醬油入味後，烤製表皮酥脆，但肉質仍維持鮮嫩多汁的狀態。

除此之外，山胡椒（馬告）[7] 也為此菜增添不少風味。芥末、花椰菜泥、山胡椒及乳鴿，既有台灣之溫情，又有日本之雅致。融於一盤，和諧而保有各自的特性。

祥雲龍吟並未複製本店出名的 -196 度水果糖，看來目前想吃這道菜確實只能去天空龍吟了。當然祥雲龍吟的甜品也絕不可能直接給一個水果了事。端上桌來時，以為是一個簡單的百香果，一打開，發現裡面除了芳香撲鼻的果肉外，還有小小的自製珍珠，底下則是嫩滑的布丁。清甜可口，又獨具台灣風情。

五

由於酒精過敏，因此我外出就餐較少配酒。旅行時雖偶爾破例，點杯溫和的梅酒，但有時也會遇到勁道十足者，譬如京都名店旬席鈴江的梅酒⋯⋯在祥雲龍吟，由於一眾女士都想嘗試配酒，而男同胞竟皆言不勝酒力。配酒師說，不喝酒則可以配茶。於是便出現了男士喝茶、女士飲酒的組合。

祥雲龍吟的酒據說配得有趣，但我只得觀瞻，未曾品嘗。

上｜炸鰻魚配鰻魚皮「煎餅」（攝於祥雲龍吟）

下｜屏東乳鴿土佐燒（攝於祥雲龍吟）

在我看來，茶配得才是分外有趣。開餐前，服務員便將當餐會出現的茶葉盡數展示在我們面前。

洛神花與東方美人茶相配、白茶、烏龍與文山包種、茯磚茶配金花菊、鐵觀音與肉桂，最後是煙燻紅茶。

頭兩道菜（花蟹、鰻魚）配以冷泡的洛神花與東方美人茶，其中加入了二氧化碳，洛神花淡淡的酸味，配著氣泡，頗有點香檳的意味。正好輕鬆開啟一段美味之旅。

甜蝦及黑魚籽配的是烏龍與文山包種，茶的清香與甜蝦的鮮甜柔潤相得益彰。

祥雲龍吟的向付展現的是台灣豐富的魚產，雖然也有一部分日本及其他國家的魚生，但相融一體，正符合餐廳的立意。靜岡產的金目鯛，昆布漬後，別有一番鮮味。台灣產的槍烏賊、龍蝦及石斑魚（ハタ）與西班牙產的鮪魚中腹肉，五湖四海的美味組合成一道菜。所配之茶則是清甜的白茶，茶味不喧賓奪主，襯托出海鮮的清新味道。

味道豐富的真鯛海膽燒則配了同樣味道突出的茯磚茶，體現的是一種味覺的豐腴感。

強肴乳鴿配的是烏龍肉桂，未喝先聞肉桂香，烏龍則在嘴中迴蕩，與乳鴿產生了獨特的互動。

御飯為甘鯛飯，則配了煙燻紅茶。清口解膩，預示著一餐飯走向終點。

六

祥雲龍吟的主廚稗田良平早年在京都修業，2008 年加入龍吟，隨後還於 2013 年赴舊金山米其林三星餐廳 Benu 學習交流。2014 年 11 月，祥雲龍吟開業後，他便擔任料理長，在寶島上用日本料理的方法將一樣樣本土珍饈組合成新穎而不失格的料理。

依例主廚出門送客，我們一行人浩浩蕩蕩地與主廚合了影，真心誠意感謝他帶來這一晚有趣的料理。我似乎在他身上看到了山本征治當年那份執著探索的衝勁兒。

三家龍吟之後，留下以上這些零散片段。實話講，東京名店繁多，重訪龍吟本店並未在我的短期計劃中。不過下次去台北，我一定還會再訪祥雲龍吟，在這裡似乎存在一種日本料理廣義化的可能性。

是否日本料理就應該死守原料的日本屬性呢？原料的日本屬性是否是日本料理的神髓內涵？這些都值得思考。

註

1 本篇寫作於 2016 年 8 月 10-15 日，修訂於 2023 年 6 月。
2 此店已於 2022 年 12 月結業。
3 此店目前已結業。
4 2018 年 8 月，龍吟本店搬遷到了日比谷新址。
5 御燒き是一種烘焙食品，將小麥粉或蕎麥粉與水混合，然後將由紅豆、蔬菜等製成的餡料包裹在一層薄薄的外皮中製成。
6 此菜已搬去佐藤秀明自己主理的法日融合餐廳 Ta Vie 旅。
7 馬告為台灣原住民泰雅族對山蒼樹籽的稱呼。

神保町的殘響

神保町傳[1]

日本料理依舊是一個守成為主、創新為輔的烹飪體系。從這個意義來看，長谷川打破框架的實踐具有特殊的意義。

飛機降落成田機場時大概是下午 3 點，到了酒店安頓了一下，正好 5 點。晚餐預訂了神保町傳，由於預訂得比較臨時，只拿到了晚上 9 點 30 分的座位，中間還有四個半小時，肚子卻咕咕叫了起來。既然那天住在凱悅，就決定重訪酒店裡的米其林二星法餐廳 Cuisine[s] Michel Troisgros（キュイジーヌ[s] ミッシェル・トロワグロ），這是一家臨時預約都往往有位置的餐廳。

Troisgros 家族的大名不須多說，但今日並不打算細談他們東京的餐廳。八道菜下肚，時間已經 8 點多，正好慢慢地去神保町，等待第二頓晚餐。

雖說吃了八道菜，但 Cuisine[s] Michel Troisgros 分量很小，吃下去正好解了肚餓，但並不飽腹。當然我做這個決定還有一個重要原因，是很多朋友都說傳的分量比較小，不太吃得飽……

9 點不到，我就在神保町了，拿出谷歌地圖開始尋找傳的所在。神保町是我很喜歡的一塊區域，這裡書店林立，多有舊書售賣，故紙堆中自有一番樂趣。不過那日書店很多已經關門，也無暇閒逛，便按照地圖的指示朝傳走去。

11 月底的東京雖然剛剛下了場大雪，但沿路的雪已基本融化，看不出太多痕跡。神保町傳在 12 月份便要搬到神宮前，「神保町」三字自然將成為歷史，從那以後傳便是傳，與神保町再無關係。而我恰巧在傳搬離神保町之前到訪，踩到了它第一個十年的尾巴，這最後的神保町之夜，如今已成殘響。

搬去神宮前之後，長谷川師傅與他「好基友」川手主廚的法餐廳 Florilège 便咫尺之遙了。

神保町傳開業於 2007 年底，彼時主廚長谷川在佑（1978- ）正要跨入而立之年。餐廳一度在 2011 年獲得米其林二星，2014 年跌為一星（2017 年大概因為搬家而無星），但餐廳的人氣卻日漸高漲。在這幾年頗具影響力的世界 50 佳餐廳榜單中，傳獲得 2017 年世界第 45 名，亞洲第 11 名，可見其在社交活躍的廚師與食客當中的影響力之大。

傳的一眾粉絲當中，外國人可謂不少，根本原因便是長谷川主廚用很多新技巧和新表現手法，將傳統的日本料理分解重組，成了更容易被不同文化背景的食客理解的形式。這也是創店之初，傳備受爭議的重要原因，據說有一些傳統日本料理的愛好者非常不滿，甚至到了憤然離店的地步。

雖然這幾年，日本也湧現出一些將創意融入烹飪的年輕廚師，但總體而言日本料理依舊是一個守成為主、創新為輔的烹飪體系。即便是山本征治的龍吟也是在傳統的基礎上，將烹飪技巧科學化、精確化，其總體的框架和形式依舊維持了日本會席的固有套路。從這個意義來看，長谷川打破框架的實踐具有特殊的意義。

這自然與主廚的成長、學習經歷密切相關。長谷川的母親曾是藝伎，常年出入高級料亭和餐廳，有空時會給他做美味的住家菜，也時常從料亭帶回好吃的。在一次採訪中，長谷川提到小時候跟著母親吃了不少好東西，包括當時便要價 5,000 日元一件的太卷，從小他的嘴便練刁了。年歲稍長後，長谷川開始對烹飪產生興趣。他坦言雖然學業不佳，但家政課卻總是拿第一。

高中畢業後，18 歲的長谷川開始在神樂坂〔名字來源於神社之歌舞「神樂（yuè）」〕的著名餐廳うを徳（Uwotoku）做學徒，在此之前他沒有就讀於任何烹飪料理學校。

神樂坂一帶在明治大正時期逐漸發展成為東京著名的「花街」，亦是一眾文豪所愛的街道。而うを徳雖然現在的評價一般，但當年曾是著名作家泉鏡花（1873-1939）常光顧的料亭。長谷川的母親也時常在這間餐廳出入，因此當時長谷川感到非常尷尬，即便與母親相遇也完全不說話。

五年後長谷川離開うを徳，在其他一些餐廳繼續歷練，甚至還在母親開的小料理屋做過一年廚師。即將而立之時，他在神保町開設了傳，人生的新篇章就此展開。

傳在神保町經營十年，這十年是其從草創到揚名海內外的重要十年。如今神保町歲月告一段落，傳要開始新的征程了。但神保町舊址依舊與傳有關，現在以 Fan Club（ファンクラブ）名義經營，主理人則是傳的幾個副廚。

谷歌地圖在小巷裡就容易轉圈失效，而傳並無顯著招牌，幸好黑暗處一片燈光照亮了棕色木牆，猜想應是此處。木牆上掛著一個小小的杉玉，此乃酒藏標記，但一些餐廳亦會作為裝飾品懸掛；衫玉之下有個木製小框亮著燈，定睛一看，原來裡頭有片小到只有創口貼那麼大的店名貼紙……

進得餐廳，上來迎接的是女將えみ（Emi），她負責外場服務，確認了我的預約之後，她讓我在玄關稍等，上一輪顧客正準備離開。果然是擠出來的位置，幾乎與上一輪客人無縫對接，而彼時已經晚上 9 點 30 分，主廚要繼續為下一輪（可能是第三輪了）客人料理，工作強度可見一斑。

玄關的凳子上放著一些正在通風透氣的烏魚籽，而牆面則被各路食客及廚師的塗鴉鋪滿。從進店開始，整體氛圍便與一般日本料理店不同，這裡是暖色調的，時不時地便可以聽到食客的笑聲。

神保町的舊址顯得有些逼仄，吧枱僅有八個座位，另外還有幾個包間和一兩張散桌而已；正因空間小，顯得氣氛格外熱烈。可以看出很多客人都已與主廚相熟，迎來送往便如去朋友家吃飯一般隨意自在。傳只提供主廚菜單（お任せ），熟客可

傳舊址門口的餐廳貼紙

以在預訂時提出特別要求，主廚有一些隱藏菜式用以替換經典季節菜單（諸如最中、甲魚湯、蔬菜沙拉等菜式則萬變不離其宗）的一些菜；而初次拜訪自然應該安心享受經典菜單。

十來道的菜只收 15,000 日元，可謂性價比極高。在日本常有價格合適的人氣旺舖，最終的結果自然是預約困難，這也是日本常見的違背經濟規律的事情之一。

落座後，首先是歡迎酒，傳統會席常以清酒開場，這裡則是以意大利 Monte Rossa Sansevé 氣泡酒（純霞多麗）開始。配上傳的經典菜餚之一鵝肝最中（monaka），兩者柔和共生，非常適合作為一餐的開頭。

最中是一種傳統的和果子，其形態每家大致相近（最初為圓月之形），餡料雖然可有不同，但多以紅豆為主料，而紅豆的品種亦有講究。但長谷川的最中卻以鵝肝為主料，若非來之前便已做了功課，那我真可能大吃一驚。

這最中裡面雷打不動的是鵝肝，其他配料則會保持微調。11 月份的版本裡加入了應季的栗子，鵝肝則用白味噌醃製入味。雖沒有想像中驚艷，但確實令我耳目一新。不過鵝肝最中也非只此一家，滋賀搬來銀座的名店しのはら（Shinohara）亦有提供。

緊接著最中的是甲魚高湯。嚴格講，這道湯並不等同於傳統會席的椀物，從結構上看它非常簡單，僅是甲魚高湯、大根及少量提香的日本香橙（柚子）；甲魚湯自然極鮮，而大根吸收湯的精華，糯軟鮮甜。呈現方式亦不是用漆椀，而是陶器配甲魚殼。它的整體作用更像暖胃湯，而非佔據核心地位的椀物。很多年沒有見過甲魚殼了，記得小時候街頭巷尾還有收購雞毛和甲魚殼的小販，再次重逢竟是在東京的餐廳中。

長谷川還有一個頗有名的菜式，取名 DFC，即惡搞肯德基（KFC），翻成中文可叫「傳德基」。不僅名字惡搞，呈現方式亦用了近似肯德基盒子的紙盒，上面印著長谷川的頭像，若有熟客或貴賓前來，上面的頭像會換成客人照片；盒子背後則有 12 家長谷川喜歡的餐廳名錄。

在我看來，這菜式本身並不新奇，方法類似粵菜中的釀雞翅。雞翅本身炸製得很好，但糯米填充過於扎實，咬開後口感一般；與糯米混合的是栗子和牛肝菌，兩者存在感較低。

說起釀雞翅，則不得不提香港名人坊的燕窩釀翅，咬開

上｜鵝肝最中

下｜甲魚高湯

後，晶瑩剔透，空氣比例適中。話說回來，料理者一時一地的效果最為重要，在當年日本料理界來講，這道菜簡直有點離經叛道，到如今它都是各位食客口口相傳的有趣菜式。

隨後的刺身亦不走尋常路，僅有一款金槍魚，乃是赤身與中腹交接部位的肉。主廚說魚是上午朋友剛剛釣到的，名副其實的「一本釣」，雖然這條魚個頭不大，但主廚認為質量很棒，於是加入了菜單之中。三片魚肉用醬油簡單漬過，配點山葵吃，正好襯出魚肉淡淡的鮮味。而尾韻淡淡的酸味更是赤身的有趣之處。

應季的鮟鱇魚肝不是一般酒煮，而是煮熟後打成醬狀，並混入味醂、砂糖進行調味。口感上近乎慕斯，內部空氣比例較高，入口有一種蓬鬆感。由於打成了醬狀，鮟鱇魚肝特殊的鮮甜味道更得到釋放，與味蕾的接觸面亦更大，味道和香氣在口腔內擴散的速度更快，實在是有趣的改良。

門口晾著的烏魚籽自然不是擺設，緊接著鮟鱇魚肝上來的便是一小塊烤製過的烏魚籽。傳的這塊烏魚籽烤得溫度正好，綿密的口感和烏魚籽特有的香氣都很合我意，只不過不配酒自然還是鹹。

下一道菜是和牛臉頰肉，燉煮五六個小時而成，配上少量藜麥和大量細蔥，用生菜葉包著吃。初入口確實軟嫩可口，牛肉的油脂在久煮之後已經化開溶入肉中，香蔥和生菜葉可解膩。不過分量較大，到最後依舊覺得有點膩。

旁邊的女顧客便剩下小半沒吃，她坦言分量略多。她和丈夫同來，我後來借機與她倆聊了起來，才發現她先生便是澳洲

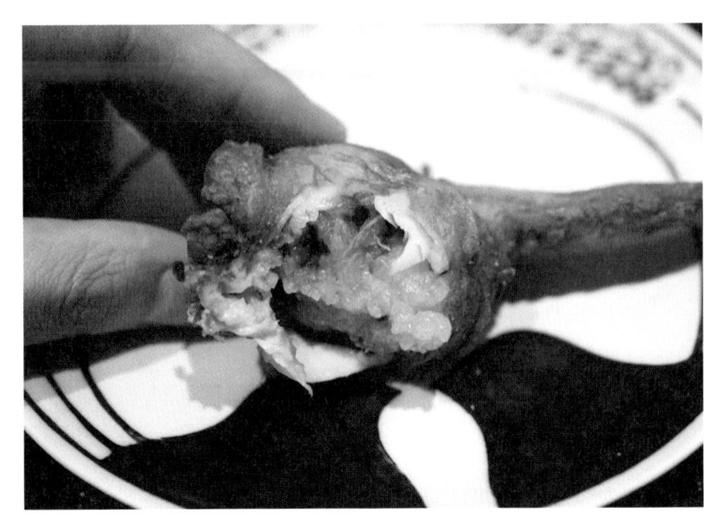

DFC

小有名氣的年輕廚師 Dan Hong。當我告訴他們我是吃完八道菜法餐之後才來的，他們都表示不可思議……不過這種瘋狂的事情，我身邊愛美食的朋友可沒少幹……

從菜單安排而言，傳整體邏輯明確，比如較為膩口的牛肉之後，便是清爽的沙拉（沙拉之後是溫熱的煮金目鯛）——而這也是傳的招牌菜式之一。說到這道菜，就不得不說長谷川主廚真是一個非常善於學習吸收的人，在這些年與世界各地的廚師合作和交流的過程中，他不斷吸收他人的長處，獲取世界烹飪的一線信息，並將其中合適的元素運用到自己的烹飪中。這也是傳保持新意，反覆吸引老顧客回訪的原因之一。據說每一次的用餐體驗總會有一些新的發現。

比如這道沙拉，一直都在改變著細節形態。小小一碗沙拉用到了 20 多種蔬菜，而每一種蔬菜都根據其特點進行了相應的處理，再進行組合。比如番茄經過糖漬，蘿蔔切片後進行油炸，牛蒡經過醃漬，還有脫水的蔬菜葉，最後用芝麻油及昆布為主的拌汁進行調味。

「沙拉」一類的菜給人的刻板印象是簡單粗暴，不走心的醬汁混雜著生葉子的土腥味，但傳的沙拉卻清爽至極，醬汁鮮香又不喧賓奪主，每一種原料都有獨特的味道，簡單的烹飪激發出食材本身的特質。炸過的蘿蔔更為鮮甜，番茄的汁水更為濃郁，花有清香，葉片香脆，當然不能忘記那透露淡淡酸味的千葉螞蟻。螞蟻在使用前一週僅讓它們喝水，以期清潔，然後用急凍技術處理，因此口感非常脆。

這個類型的沙拉在這幾年世界各地的高級餐廳中都可以見到，結構近似，內容卻千變萬化，比如 Hertog Jan（比利時澤德爾海姆）的自家花園沙拉，Piazza Duomo（意大利阿爾巴）的「21, 31, 41 沙拉」都是比較出名的沙拉菜式。而螞蟻的運用最為出名的想必就是名噪一時的 Noma 了。不過所有這些元素在長谷川主廚的手下進行了重組，最後出品的是獨一無二的傳沙拉，與別家有著截然不同的特質。

主食之前是一道簡單的金目鯛菜式，僅日本高湯、大蔥和金目鯛入饌，簡單而暖胃。作為起承轉合的菜式，其本身沒有給我留下太深印象。

雖然初次拜訪沒有吃到著名的和牛御飯，但櫻花蝦飯也正趕上了此物的初時。櫻花蝦的捕撈期一般在 11 月至次年 5

月，而餐廳普遍會在櫻花季節集中烹製相關菜式。不過長谷川的櫻花蝦飯可謂趕了個早，他將櫻花蝦先炸後與飯合煮，簡單而不失鮮美。由於這次所用櫻花蝦個頭小，口感上以脆為主，有蝦皮的感覺，不過我個人還是喜歡春末櫻花蝦肥肥的肉感。

漬物和味噌湯自然是不能少的，無論如何革新，最終還是要回到日本料理的起點組合。

傳紅遍網絡的菜式還有一道解體成花園泥土的提拉米蘇。這道菜本身還有些表演成分，服務員用報紙鋪好吧枱後，長谷川主廚拿來一罐子「泥土」，間雜一些枯葉和苔蘚。然後他拿來一隻勞保手套，放在桌子上，拍了拍雙手說，剛從花園挖了些泥土給你。這套路我自然早有準備，主廚真是童心未泯，手套還被擺成了 V 字形。

泥土其實是茶末、堅果及麵包屑的混合體，泥土下面則是用芝麻奶凍做成的「日本提拉米蘇」，脫水的葉子亦是可以食用的。這道菜的創意自然不是原創，亦是學習和改造的結果。

早年在鬥牛犬（El Bulli）工作的香港文華東方酒店前主廚 Uwe Opocensky 大概在九年前便已開始進行盆栽沙拉、花園甜品的嘗試。至我 2014 年初去庫克廳（Krug Room）時，Opocensky 主廚將整個桌面變成一個大花園，甜品完全以花園形式呈上，令人印象深刻。

相比這道甜品，裝在模仿星巴克杯子裡的第二道甜品更合我意。杯子上印著長谷川主廚的漫畫形象，一手抓蘿蔔一手抓魚；而星巴克（Starbucks）更變成了「星回來」（Star Comebacks），實在好笑，不知道米其林密探看到後是什麼感覺。

Such is Masahiro's new-
found celebrity that he even
spent a day serving as "chief"
of the Osaka Prefectural Po-
lice's highway patrol unit in
September. He will also appear
Osaka pet Masahiro, a
接の英語
CD-ROM
インツールを活用したソー活、電話・ビデオ面接や大学院・大学研究職の面接の注意点。
実際の面接で聞かれる100問以上の質問とその回答例を網羅。

上｜蔬菜沙拉

下｜「泥土」甜品

這道甜品看似是卡普奇諾（cappuccino）其實是焦糖奶凍，裡面主料是奶凍布丁，配以牛奶泡沫、焦糖以及少量松露，味道濃郁，非常有滿足感。而且妙在分量恰到好處，不會覺得過膩。

不知不覺愉快的一餐便結束了，肚子早已飽得不成樣子，即便是分量較小的兩頓晚飯，組合起來依舊威力很大。不過分量很大的兩頓晚飯連著吃的瘋狂事情，我也不是沒做過。

因為想知道傳的魔力究竟何在，所以跑來拜訪，吃完之後不能說圈粉，但也不知不覺喜歡上這個餐廳。簡單講，食物本身是美味的，這是喜歡的基礎，而其他都是加分項。在傳的網頁上，有一段主廚的話，表明自己根本的烹飪理念，即是要為食客創作讓他們滿意一笑的溫馨食物，正如住家菜一般，將食客當成家人一般去對待。除了通過食物讓客人們會心一笑，還有服務，而這也是傳廣受好評的原因之一。

傳服務的人情味、細緻度和周到性在東京都算獨樹一幟。在這裡外國食客不會受到歧視，不必擔心自己不會日語；食客亦不必沉默不語，大可如朋友般暢談，主廚和店員更是非常願意與食客互動；而每一道菜上來，服務員或主廚都會詳加解釋，並分享一些烹飪上的理念和思考。

這裡確實有不少回頭客，但即便是生客如我，亦感受到了無微不至的關懷。今年（2017 年）的亞洲 50 組委會還給了傳 Ferrari Trento 待客之道獎（The Ferrari Trento Art of Hospitality Award），可以說是實至名歸的。

至於餐廳名字究竟應該讀 chuán，還是 zhuàn，我認為應該讀 chuán。因長谷川主廚解釋說，傳，乃是信使，傳遞農夫、漁民、製陶者的理念和信息；將烹飪中的關懷和愛心傳遞給食客。當然我個人認為亦是用一種特殊的方式傳遞日本料理的理念，以及傳統的待客之道。

而英文名 Den，雖為日語音譯，但主廚說又可理解為單詞，乃密室、獸穴之意。主廚說這也是一個解釋，即餐廳本身好像一個秘密的家，希望入得來的食客都可賓至如歸。

從我的體驗而言，傳在這兩方面都不辱使命。不過主廚每年要去世界各地與其他名廚合作及交流，餐廳時不時就要關閉，過多的社交與合作，難免分散大量精力和時間。但在世界 50 佳餐廳的瘋狂社交潮中，要想孑然獨立，想必是很難的。

註

1 本篇寫作於 2017 年 6 月 5-11 日，寫作前拜訪於 2016 年 11 月；修訂於 2023 年 6 月。

壽司與江戶前 1

握壽司經過了百年發展，
逐漸形成了一套完整的製作手法，
其中最重要的，
無疑就是江戶前了。

香港日餐林立，尤以壽司店為盛，既有日本名店分號，亦有不少本地品牌。雖則琳琅滿目，卻是良莠不齊。壽司是極簡的食物，第一口不對，整餐都難下嚥。因此我甚少冒險，只去相熟店舖，以解疫情期間對壽司的渴求。唯有可去日本旅行時，才能滿足各種對壽司的想像了。

狹義「日本料理」僅指懷石、會席和割烹等和食；壽司、天婦羅等庶民出身的美食屬獨立門類。但在中文世界裡，日本料理可泛指一切來自日本的料理門類，甚至本屬中華料理的拉麵也被認為是日料的一種。此乃題外話，今日只談壽司。

すし（sushi）得名於其酸味（酸し），常對應漢字「鮨」

或「鮓」；漢語中，鮨原指魚醬；鮓則為一種鹽和紅麴醃漬的魚。兩者與壽司相去甚遠，但不能說毫無關聯。壽司的歷史可追溯到先民通過發酵保存魚肉的做法。

《詩經・爾雅・釋器》中有「肉，謂之羹。魚，謂之鮨」。《史記・貨殖列傳》中說「楚越之地，地廣人稀，飯稻羹魚」。這些文本讓我們瞭解到先民的飲食習慣。隨著物質的豐富，食物保存成為亟需解決的問題，部分地區逐漸形成了以鹽令魚脫水，再用米飯發酵保存魚肉的做法。

此習俗如今僅在少數地區得到保留，如貴州的侗族醃魚，用的是秋收後的稻花魚（泛指水田裡的各種淡水魚，如鯽魚、草魚等），先用鹽醃漬，後用煮熟的糯米覆蓋和填塞魚肚，同時加入白酒、酒糟和辣椒等一起發酵。醃製完成後，以油煎魚肉食用，糯米棄之。

在日本類似做法的食物叫熟壽司（熟れ鮨）或馴壽司（馴れ鮨），兩個詞在日語中同音，主要流行於和歌山和滋賀一帶。發酵後的米飯棄之，魚肉則直接食用，不做二次烹飪。滋賀名店比良山莊提供的前菜中，一般都會有這道。

與現代握壽司較為接近的是押壽司（押し寿司），早期壽司攤（屋台）賣的多是這種壽司以及後來出現的豆皮壽司（稲荷寿司）。與攤位不同，有固定店址的稱為「內店」，如著名的江戶三鮨——毛拔鮓（けぬきすし）、與兵衛壽司及松壽司（松ヶ鮨）。

毛拔鮓早在元祿十五年（1702 年，現已第十二代）便創業，現時以「笹巻けぬきすし」的名義，做的是竹葉卷押壽

江戶後期著名浮世繪畫家歌川廣重所畫的壽司

司（笹卷押し鮓），與現代握壽司不同。真正開啟握壽司歷史的是與兵衛壽司及松壽司。與兵衛壽司由華屋與兵衛（1799-1858）創辦於 1824 年，是第一家使用山葵的壽司店。據說與兵衛用手捏壽司是為了加快速度來應對客流。

此店的壽司已非常接近現在的握壽司，食材種類亦較多。但日本學者喜多村信節（1783-1856）在《嬉遊笑覽》中認為松壽司的創始人堺屋松五郎（？-？）才是握壽司的發明者。

提倡古樸民風的天保改革（1841-1843）期間，與兵衛和松五郎等壽司職人還因違反儉約令鋃鐺入獄。據說前者的罪狀是提供星鰻（穴子）壽司。可見在特殊時期，享受美食也有風險。

在此基礎上，握壽司經過了百年發展，逐漸形成了一套完整的製作手法，在這個過程中亦演變出不同風格和製作流派。其中最重要的，無疑就是江戶前了。

吃壽司，常聽到「江戶前」三字，人云亦云卻不知其真意者一大把。江戶是東京舊稱，此地原本河道密佈，是個名副其實的水鄉。明治天皇遷都後，城市發展及河道治理逐漸令東京水鄉韻味盡喪。

江戶前原指江戶城（目前皇居位置）前的河道海灣——即以江戶城為中點，西至羽田、東到舊江戶川河口（現東京迪士尼景區西側）的內側海灣。相較於狹義的東京灣（由三浦半島觀音崎及房總半島富津岬所連成的直線以北的範圍），江戶前的範圍更小。

隨著市民社會的發展，江戶前三字逐漸有了其他含義。舊時江戶盛產鰻魚，江戶當地人（江戶っ子）認為本地鰻魚品質最佳，非他鄉的「旅鰻」可比。文化二年（1805 年）出版的《職人盡繪詞》中繪有《江戶前大蒲燒》，畫中店前女子招攬客人道：「本店皆為江戶前，並無外地鰻魚。」可見在當時，江戶前三字特指本地鰻魚。

江戶灣有眾多河流注入，為海洋生物提供了養分，因此漁獲豐富。逐漸地，江戶前三字不再局限於鰻魚，而成為此處所產海鮮的統稱。雖然當時江戶前三字尚未與壽司掛鈎，但這種聯繫逐漸變得緊密起來。

19 世紀中葉，喜田川守貞（1810-？）在《守貞謾稿》中記載了當時壽司店常見的題材（ネタ）。日本對蝦（車海老）、

江戶前饅魚是當地名產食材，很受遊訪江戶的觀光客歡迎。（《職人盡繪詞》，日本國立國會圖書館館藏）

小肌（コハダ，即細小的窩斑鰶）[2]、蝦鬆（海老そぼろ）、銀魚（白魚）、玉子卷、海苔卷、星鰻等已廣泛使用。

在江戶時代，金槍魚被視為下等魚，當時名店皆不屑使用。但隨著金槍魚漁獲的增加，一些大眾壽司店開始用其做握壽司。一家名為恵比壽鮨的壽司店發明了金槍魚醬油漬（漬け），他們將金槍魚過熱水後用醬油微漬，再捏製壽司。這一做法逐漸流行，如今金槍魚醬油漬是江戶前壽司的典型題材之一。

早期的握壽司以酒粕醋（即赤醋）和鹽來調和米飯，並不添加砂糖。雖也有用米醋（白醋）的店舖，但酒粕醋佔據壓倒性優勢。江戶時代缺乏冷藏設備，故多數食材都需用鹽、醋或醬油醃漬；一部分食材則是烹煮後再用來製作握壽司。這樣既可保存更久，亦可增加風味。

即便在冷藏技術發達的當下，部分食材依舊需經過鹽、醋或醬油的醃漬，才能更好地發揮出風味，例如以小肌為代表的光物（光り物）。當然 20 世紀初以來，由於保鮮條件的改善，直接生食的壽司題材大量增加。

至上世紀 90 年代，「江戶前」開始用來指代主流的東京風格握壽司，成為一整套題材選擇、處理和捏製手法的代稱。以此手法製作的壽司都可稱為江戶前壽司，而不再受食材出產地局限。與之相對的，還有些具地方風格的握壽司，最著名的非九州前莫屬，但代表性店舖有限。

江戶前的內涵是不停發展中的。比如，江戶時期認為油脂多的魚低檔，如今卻十分受歡迎；金槍魚油脂豐富的部位更收穫了大量擁躉。食客口味三十年河東三十年河西，一切都有可能改變。

註

1 本篇寫作於 2021 年 11 月 27-28 日，原文發表於《大公報》副刊《飲饌短歌》專欄上。

2 窩斑鰶在日本屬於「出世魚」的一種，即在不同生長階段有不同的稱呼，壽司店而言最初的幼魚稱為「新子」，稍大的稱為「小肌」，15cm 以上的便較少拿來做壽司。

與小野二郎面對面的四十五分鐘

すきやばし次郎[1]

傳奇在世，年過古稀，
每一次相遇對視都應該好好珍惜，
每一貫壽司自然應該好好品味。

時節

5 月中的東京到處洋溢著初夏的氣息，天氣漸漸熱起來，人們褪去春裝，換上清涼的夏衣。食材也逐漸豐富起來，真高鮑、稚香魚（6 月前均為養殖香魚）、小肌、竹筴魚、鳥尾蛤、島鰺、初鰹等等，紛紛進入了春夏的菜單中。

四季的輪迴是最可以在料亭中感知的，無論是料理本身的當造特性，還是庭院景觀的季節更迭，抑或是個室中裝飾的變化，都讓食客全方位感受到季節的輪換，時光的流轉。

但在江戶前壽司店，這種季節的微妙變化，便只能通過醋飯（壽司店稱之為「舍利」，此乃行話，食客隨便亂用顯得失禮）上一片片題材（ネタ）來體現了。

所在

銀座站是銀座線、丸之內線及日比谷線的交匯站，而銀座站上方則是東京繁忙的商業中心和交通樞紐點——數寄屋橋。在江戶時代，數寄屋橋是護城河上的一座橋（寬永六年，1629 年建成；昭和四年，1929 年建造新橋代替；1958 年因建造高速公路而拆除），如今則已成為一個區域的泛指。

小野二郎的壽司名店數寄屋橋次郎（すきやばし次郎）便坐落在銀座地鐵站 C6 出口的一個小角落裡。這店面又小又舊，而且還在地下，實在顯得不起眼。但對大部分人而言，它無疑是全世界最有名的壽司店了。

如果說數寄屋橋次郎的店名令人感到陌生，但提到所謂「壽司之神」則無人不知了。我個人非常反感「神」這種稱謂，David Gelb 的紀錄片叫做《二郎的壽司之夢》（*Jiro's Dream of Sushi*），緣何到了中國就成了簡單粗暴的「壽司之神」呢？匠人的精神可以理解為一種將技藝練得爐火純青的職業夢想，神的終極性與匠人精神的學海無涯理念是完全衝突的。更離譜的是，還搞出了江戶前料理三神的噱頭，幼稚至極！

我約的是中午十二點的午餐，於是早上便去明治神宮逛了

數寄屋橋次郎門臉

逛。一直以來，明治神宮最吸引我的便是那條長長的石子路參道，兩邊百年古樹林立，石子路寬闊悠長，靜謐無邊。當年明治天皇病逝，建造明治神宮時，各地捐獻良木無數，硬生生在東京營造出了一片密林。逛著逛著，差點忘記了時間，一看表時間已經有些緊張了，於是連忙趕去銀座。

C6 出口離日比谷線並不近，出了閘口後還走了很久很久。緊趕慢趕終於準時到達店門口，那熟悉的逼仄店面散發著令人敬畏的光芒。

背景

小野二郎的故事已家喻戶曉，其於 1925 年（大正十四年）出生於靜岡縣天龍市（現屬濱松市）。1951 年拜入京橋江戶前握壽司名店與志乃學藝，後被派往大阪分店擔任廚師長。1955 年，小野二郎接手與志乃數寄屋橋分店。1965 年盤下店面獨立，世間便有了這間在銀座的小店數寄屋橋次郎（後文或以「次郎」指代店名，「二郎」指代小野二郎）。

幾十年來，風霜雨雪，次郎一天天地在這個吧枱後面為顧客捏著一貫貫的壽司。2007 年米其林紅色指南進入日本，該年 11 月公佈的 2008 年東京米其林指南中，數寄屋橋次郎獲得米其林三星，小野二郎本人則成為了歷史上年紀最大的三星主廚。在這之前，他 80 歲上還獲得了「現代的名工」稱號[2]。

在我們的印象中，數寄屋橋次郎是一家十分難以預約的餐廳，實際上真正讓數寄屋橋次郎變得遙不可及的主要是幾件事情。一是米其林指南進入日本，諸多名店在海外聲名大噪；二是 David Gelb 的紀錄片，讓海外觀眾的目光投向了銀座地下這家小壽司店；三是 2014 年奧巴馬訪日時，特意拜訪了數寄屋橋次郎。

當然，日本很多餐廳的預訂方法也為食客製造了難題，每月 1 號接受下一整個月的預約，只有電話預約，以及不接受外國預約等等，這簡直讓握有金鑰匙的酒店禮賓處忙碌了起來[3]。

早年間，數寄屋橋次郎是提供單點壽司的，並且吧枱之外的散桌也可供食客進餐，散桌客人還可享用特惠壽司拼盤；直到去年，還可以拍攝壽司的照片。到如今這些規矩都已改變，只提供一份含有 20 貫壽司及 1 份玉子燒的廚師菜單（お任せ，壽司個數不是固定的，18 貫上下浮動）；不可以拍照；散桌供客人吃蜜瓜用。手機不可放置於吧枱上，只可放在吧枱底下的儲物板上。

江戶前壽司本是街頭食物，暖簾者抹手所用，食客來去匆匆，壽司天生便有街頭的基因。但發展至今，壽司匠人的技藝層層進步，這簡單的魚生加醋飯的組合就幻化出獨特的美味體驗，不得不令人佩服。相對的，壽司店對於顧客也有了更多的要求。

那一日到了數寄屋橋次郎門口，發現一同胞身著無領衣服，店員一度不讓他入內用餐。雖最後他還是進去了，但自然這樣的小插曲對食客和店家而言都有點不快。

壽司

數寄屋橋次郎的吧枱呈 L 形，我坐在拐角後第二個位置，正對著二郎。他看見顧客入座，欠身示意後便開始準備壽司了。由於朋友前一個月造訪，結果二郎當日身體不舒服並未出現，是大兒子楨一握的。因此入座前我便擔心萬一見不到老先生難免會有遺憾。現在面對二郎，心裡的擔心算是落地了。

學徒奉上熱毛巾和熱茶，我早已習慣了江戶前滾熱的歡迎方式，毛巾的溫度並不讓我出奇，同枱自然有被毛巾燙得一驚的顧客。喝口熱茶，一抬頭，二郎已經開始捏製第一貫壽司了。

造訪次郎前，與港澳的一些壽司名店（多為東京名店之分號）的師傅們聊起來，他們都一臉神秘的微笑。說二郎先生的壽司可是要吃得很快喲，二十分鐘就結束了，還要吃很多貫，而且他的壽司個頭頗大。在次郎家吃壽司，確實不能慢慢悠悠了，但既來之則安之，看看實際的節奏究竟是如何的。

恍惚間，二郎已將一貫真子鰈放在我面前了。黑色的盤子襯托出真子鰈白裡透黃的色澤。次郎是第一家將真子鰈選為壽司題材的壽司店。

小野二郎的廚師菜單據說是與食評家山本益博共同設計的，好似交響樂般分樂章，樂章內部也有自己獨特的節奏。真子鰈好比引子，味道淡雅的白身魚開篇。這真子鰈更較比目魚為淡，魚的鮮甜味完全籠罩在醋飯的酸味中。

與前一晚吃的青空（小野二郎的徒弟）相比，次郎醋飯的黏度沒有那麼高，入口後散開的速度更快。回味之後，發現醋飯的酸度非常高。這個印象隨著一貫貫壽司襲來，變得更加強烈。酸度之高是大部分壽司店都不及的。

二郎捏壽司按顧客批次有條不紊地進行，我們四人同時入座，因此他基本每次都是捏好四貫後再一個個放到我們的盤子上。魚生由大兒子楨一和學徒處理，切割好後傳遞給二郎，二郎只負責捏製。由於每人都有一張菜單，因此也不需要太多口頭介紹。二郎更是默然無語，只有時不時地察言觀色，除此之外基本與顧客沒有交流。

思想間，第二貫壽司已經放在我面前了，是墨魚（墨烏賊）。白潤如奶，一入口外層綿軟黏口，嚼起來卻蘊含著脆度。味道較淡的墨魚更突顯出了醋飯的酸度，果然非常特別。

在鮪魚三部曲開始前，一貫黃帶擬鰺（縞鰺）充當了過渡。常見的黃帶擬鰺多為養殖，脂肪肥厚，入口較膩。次郎的縞鰺十分特別，入口後無肥膩感，反而有種不常見的清新口感。這種清淡的味道充盈口腔，令人回味。

不過小野二郎可沒打算給食客太多回味的時間。這一貫剛落肚，鮪魚赤身（鮪赤身）便已經上了。在鮪魚起起落落的命運中，赤身一度受歡迎，又被打入冷宮。但現如今，口感清新微帶酸味的赤身重新獲人青睞。

廚師菜單中的赤身是沒有醬油漬過的，淡淡的血味和酸味混合，濕度也正好，可以體會到新鮮赤身的好處。但據說如果有好幾個顧客預訂漬赤身，也是可以考慮提供的。

在這個金槍魚為王的年代，中腹（中トロ）和大腹（大トロ）往往成了令人審美疲勞的一個環節。次郎的中腹和大腹都很美味，但我個人自然更偏愛過渡位置的中腹。

大腹的名稱據說便是因為脂肪含量高，有入口即化（トロトロ）的口感而來。但事到如今，這個形容詞已經被用爛了。然而除了這四個字，確實也找不出形容這貫大腹的更好詞匯。

小肌被很多人視為壽司店的招牌，但我天生對某些亮皮魚就有些膽怯。一些亮皮魚天然帶有濃重的腥味，如何進行預處理，去除腥味，突出魚肉本身的清雅口感，是一家壽司店的功夫所在。次郎的小肌肉質緊實，有嚼勁，其次入口很酸，但回味清甜，有一股特殊的香氣。最重要的，便是沒有一絲腥氣，連回味中都沒有。小肌的用鹽和醋預先醃製，根據大小和厚薄計算時間，這是出師後才可以進行的複雜工作，難度十分高。

若按照菜單左右兩頁劃分，則前十個壽司好比一場大戲（或器樂作品）的第一幕（樂章），後十個壽司則是第二幕。在第一幕中，我認為的高潮出現在蒸鮑魚（蒸し鮑）上。

房總半島的鮑魚，用酒蒸法細緻料理三四個小時，鮑魚已經呈現出琥珀色澤。這樣處理鮑魚的店家多如牛毛，用蒸鮑魚握壽司也是初夏時令。但次郎這一貫鮑魚，一入口便有極其濃郁的鮑魚香氣。柔軟的鮑魚並不軟爛，相反是柔中帶剛，頗可以嚼上幾口。其他家的鮑魚握壽司往往鮑味不夠，只剩下憂傷的醬油和山葵味。

雖然還沒有進行到一半，旁邊的女同胞們已經開始要繳械投降了。二郎捏壽司的手法嫻熟，速度極快，通常他看準食客一貫落肚，便準備好了下一貫。但由於他家壽司個頭不小，女同胞不及下嚥，另一貫就堆在盤子上了。

這確實給不熟悉江戶前壽司的食客帶來困擾。大腦根本無法在如此短暫的時間處理如此豐富的味覺信息，最後的結果可能是完全無法細細品味次郎壽司的妙處。數寄屋橋次郎確實不太適合初識江戶前的朋友。

竹筴魚（鰺）緊隨著鮑魚來到，不同於很多壽司店的做法，次郎的竹筴魚上並無細蔥和薑末，薑片藏在魚生與醋飯之間。竹筴魚向來都是亮皮魚中我最喜歡的品種之一。恰到好處的脂肪分佈，鮮甜濃郁，但卻沒有之前那貫縞鰺的震撼感了。

新鮮拆開的赤貝總不會差到哪裡，次郎家的赤貝則不僅鮮甜，嚼起來也特別脆，淡淡的海水香氣迴蕩在口腔鼻腔中。這時已經進行到了菜單中部，第十貫壽司了，一看時間只過了

15 分鐘左右。這確實是我最高效的壽司經歷了。

第十一貫是稻草燻製的鰹魚，5 月正是初鰹好時節。所謂「把老婆當了也要吃初鰹」，江戶人對初鰹的熱愛可見一斑。

北上的上行鰹魚被視為質量更佳。在稻草燻製（2013 年數寄屋橋次郎還因為燻烤鰹魚而發生火災）之後，鰹魚吸收了濃重的稻草香氣，而且皮肉之間豐腴的脂肪並未消減，脆皮細肉，帶出誘人的煙火香氣。次郎的鰹魚在燻烤後即刻冷藏，不用冷水降溫，據說這樣方能維持皮肉之間的脂肪。

下半場的壽司題材以甲殼類及貝類為主。蝦蛄很快就登場了，抱籽蝦蛄的肉質有些鬆散，吃上去粉滋滋的。蝦蛄在味醂、砂糖和醬油調製的醬汁中經過浸泡，顯得過甜，不太喜歡。

當造的鳥尾蛤（鳥貝）亮閃閃的，尖尖的尾部透露出一股生氣。這一貫鳥尾蛤肉質厚實緊湊，微微開水一燙後捏成壽司，內部依舊生嫩，入口後可以感到一股甘甜。夏季開始後，便吃不到鳥尾蛤了，這是一種典型的春夏之交的食材。據說早年間東京灣產的鳥尾蛤品質突出，產量驚人，現如今卻難以尋覓，這也是壽司職人的憂慮所在。

日本對蝦（車海老）這樣的食材，只要新鮮，溫度得當便不會難吃。次郎的日本對蝦個頭很大，一刀兩斷，先吃鮮甜的尾部，再吃濃郁的頭部，這順序自從在數寄屋橋次郎六本木店被教育後便不會再忘記……這思路與次郎壽司菜單的設置也是一致的。

水針魚（細魚）屬亮皮魚的一種，早年無法獲得十分新鮮的水針魚時，便會用醋醃製，現如今則多用新鮮水針魚捏製壽司。顧名思義，「細魚」者魚身細長，因此常折而握之，不過這幾年肥碩的水針魚不少，握法也不一定遵循舊制了。這一貫清淡雅致，卻無甚印象。

文蛤（蛤）用的也是濱汁漬法，與蝦蛄的處理類似，甘甜微溫的文蛤給人一種幸福感。

緊隨其後的是海膽（雲丹）軍艦卷。數寄屋橋次郎的海苔處理方法在《小野二郎的壽司夢》中多有表現，炭爐小心烘拍，方可達成海苔的酥脆乾燥。這海苔入口後咔嚓斷裂，釋放出鮮甜濃郁的紫海膽。

吃到這一貫，一數已經第 17 了，我這個大老爺們兒都已經感到十分飽足。旁邊的幾位女同胞更是急趕慢趕，想盡快跟上二郎老爺子的步伐，這確實是一場美味的壽司賽跑⋯⋯

海苔卷壽司的做法據說是東京壽司老店「久兵衛」所創，現如今已經成為了廚師菜單必不可少的一個環節。除了海膽軍艦卷外，還有各類手卷，大體都是用了這個思路。

味道濃郁的海膽好比給菜單的第二幕畫上高潮，壓軸之後，便是放鬆和收尾的工作了。海膽之後是脆嫩的中華馬珂蛤貝柱（小柱），爽嫩清口的貝柱宣告著味覺之旅逐漸進入收尾階段。

在最後幾貫壽司中，鮭魚卵（いくら）是最令我印象深刻的，濃濃的醬油香氣，伴隨著魚籽爆裂後流出的汁液，給人一種獨特的味覺體驗。

鮭魚產卵期是每年 9 至 10 月間，次郎用醬油和酒醃漬生鮮鮭魚卵後，便將其冷藏在零下 60 度的冷凍庫中，這樣一年四季都可提供鮭魚卵。這一貫軍艦好比正式甜品前的小點綴，讓人徹底放鬆下來。喝口清茶，迎接最後的兩道。

星鰻（穴子）綿軟異常，但雁過無痕，不甚記得。而最後結尾的玉子燒更是讓我失望，原以為次郎的玉子燒一定蓬鬆糯軟，沒想到竟然有點乾身。不知道是不是學徒今天發揮得不太好？

看了看時間，已經過去 45 分鐘了。比想像中的用餐時間要長得多，大概二郎看女同胞們來不及吃，放慢了速度吧？而隔壁比我晚來許久的兩個日本客人，早已經趕上我的進度⋯⋯學徒問我們需不需要追加什麼，我雖然很喜歡蒸鮑魚，但實在心有餘而力不足，因此作罷。

尾聲

整個菜單結束了，喝了幾口熱茶，學徒請我們去散桌上吃溫室蜜瓜。餐巾是可以帶走留作紀念的，蜜瓜食用時間就由自己控制了。但客人較多時，學徒也會提醒吃完蜜瓜的顧客及時結帳。與我同一時間入座的兩個女同胞覺得終於可以舒一口氣了，順便再回味下剛才吞下去的那 20 貫壽司。這麼短時間內如此多的味道信息沖入腦中，對大部分人而言是極具挑戰性的。

對我而言，45 分鐘的用餐時間基本足夠。但相對於其他壽司店 8-12 貫的分量，單位時間攝入的信息確實比較多，節奏略微緊張。不過次郎的服務是熱情而周到的，熱茶未曾冷卻過，盤面擦抹得也非常及時。

次郎的壽司每一貫都特點分明，指向明確，傳遞著二郎對

首次拜訪時的菜單

於這一壽司主題的深刻理解，可以說是完成度非常高的一餐。菜單的設計由淡雅至濃郁，再轉鮮甜，之後二次高潮，然後歸於寧靜。即便沒有酒餚開胃，依舊讓我吃得津津有味。

常言道，盛名之下其實難副，但數寄屋橋次郎卻是名副其實。我偏好紅醋飯，但次郎的白醋飯也令我印象深刻，與題材的搭配恰到好處。雖有不和我口味者，但仍可感受到小野二郎的處理理念。

結帳時在前台挑了一本小書，*Jiro Gastronomy*，雖然標題用了很大的詞 gastronomy（烹飪法、烹飪理念），但實際上是介紹數寄屋橋次郎主要食材以及壽司享用方法的小冊子。店裡出售的每一本書都有二郎和山本益博的簽名，兩人算是高山流水之交。

店裡售賣的簽名書

與老爺子合影也是件壓力頗大的事，在我見過的諸多合影中（包括他與我的），小野二郎基本沒有怎麼笑過。唯有我的一位美女朋友，她與小野二郎的合影中，老爺子笑得如同一朵花……嘖嘖。

離開數寄屋橋次郎，走上台階，發現外面烈日炎炎，夏天的步伐確實近了。銀座的人群熙熙攘攘，而數寄屋橋次郎的歲月便在這吵鬧聲中安靜度過。傳奇在世，年過古稀，每一次相遇對視都應該好好珍惜，每一貫壽司自然應該好好品味。

註

1 本篇寫作於 2016 年 7 月 11-15 日，寫作前拜訪於 2016 年 5 月；2023 年 6 月修訂。
2 可參看《野田岩的午餐速寫》。
3 本篇寫作時，東京有 16 位金鑰匙成員，東京皇宮酒店與文華東方分別有兩把，其他諸如大倉、半島、康萊德、柏悅等著名酒店亦有金鑰匙成員。當年著名酒店的禮賓尚可為小部分熟客約到一些餐廳，疫情之後大部分名店已基本只能熟客預約了。

木村師傅的時光寶盒

すし喜邑（㐂邑）[1]

若對熟成技法的意義疑惑不定，那麼只要來喜邑吃一頓，便會折服，真正明白木村師傅熟成技法的魅力。

木村師傅全名叫木村康司（1971- ），他的壽司店開在東京世田谷區二子玉川，而我常住的酒店在大手町一帶，以東京標準而言相距甚遠。若時間緊迫，千萬不可打車前往，傍晚高峰時期高架塞車，真是叫天天不應叫地地不靈。而且車費昂貴，幾乎超過半頓壽司的價格。以上都是血淚教訓。

去木村師傅的壽司店最好還是乘坐急行的田園都市線，此線與途經大手町站的半藏門線聯通，不用下車便可迅速到達二子玉川站。下車之後，步行不消 10 分鐘便到了木村師傅的壽司店。

這家店的門臉極小，隱藏在尋常居民樓間，一不小心便會錯過。燈牌小小一方裝在店門右上角，深藍暖簾上白字寫著店名「すし㐂邑」（Sushi Kimura）。雖則暖簾上寫著すし㐂邑，但我多以喜邑（後文以喜邑指稱）稱呼它，因這兩個詞歸根結底都是木村師傅的姓氏 Kimura 的漢字轉寫，「㐂」是「喜」的異體字而已。

第一次去喜邑時，進門便聞到一股濃重的醋味；在後續的拜訪中，這一印象不斷被強化。在一般壽司店常聞到的是木製吧枱、醬油及魚味相混合的氣味，而喜邑卻洋溢著一股濃郁的醋味。

木村師傅的醋飯用了 80% 的米醋和 20% 的赤醋。他選用的是京都飯尾釀造製造的高級富士壽司醋（富士酢プレミアム），其特點是用京都府丹後的無農藥米製造，先將米釀造為米酒，後經過 100 天的發酵和三年的熟成釀出濃厚的醋。有人說，因為木村師傅以熟成為主要技巧，所以食材處理上醋用量較尋常壽司店更大。這個說法站不住腳，因為熟成和醋漬完全是兩個概念。店內醋味重一是因為喜邑的醋飯用醋量較大，二則富士醋的個性明顯，香氣突出。

在拜訪喜邑前便知木村師傅以熟成技法聞名。部分魚生進行適當排酸和熟成是高級壽司店常用技巧，但對熟成技法進行系統性研究、整理，並形成一整套料理理念的壽司師傅卻並不多見，木村師傅可以說是此技法的集大成者。但紙上看來的信息畢竟不真切，唯有吃過了，才能明白其妙處。初訪時，從酒餚（おつまみ）開始到玉子燒為止，沒有一口不讓我驚嘆和回味的。從此以後，喜邑便成了我每次去東京必訪的壽司店。

燈牌

去了幾次之後，與木村師傅也變得熟稔。雖然語言不能完全溝通，但不妨礙我們雞同鴨講地聊天。木村師傅雖是 1971 年出生的，卻擁有一顆童心，屬熱情待客派。他和客人們聊起天來，時不時地便放聲大笑，還頗愛開玩笑。比如最近一次拜訪，我還沒坐穩，他就大聲說道：「你怎麼胖了那麼多？跟我一樣了。」同行友人和不相識的客人們都一同爆笑……

木村師傅沒有學徒[2]，店裡只有母親和一個女服務員幫手。有些時候女服務員休假，便只有木村師傅的母親在店裡幫忙。老太太英語不錯，可以與外國客人順暢溝通。她為人和藹，十分熱情，和木村師傅一樣，常與客人打成一片。也正因如此，在喜邑用餐的氛圍每一次都是愉快而熱烈的。

然而 2005 年木村師傅獨立開店時，喜邑可不是這般光景。二子玉川雖是富人區，但高級壽司店多集中在銀座一帶，除了附近的居民，幾乎沒有人跑來此處吃壽司。而且二子玉川附近的上野毛還有一家名店あら輝（Araki，後搬去銀座，現在倫敦）[3]，主廚是東京壽司名將荒木水都弘（1966- ）。即便客人要跑那麼遠來吃壽司，大概也是為了荒木大將。

木村師傅雖是壽司世家的第三代，也奈何不了現實。他從築地市場採購了高級食材，用傳統的江戶前手法處理，每日等待著客人到來，結果門可羅雀，有時甚至幾天都沒有一個預約。眼看著成本高昂的食材變質浪費，木村師傅內心自然焦慮。

有朋友勸他把店搬去銀座，他卻不肯，因為他認為酒香不怕巷子深。然而生意卻一直這麼差下去了，直到某日，由於多日沒有客人，木村師傅正要把一條腐壞的黃帶擬鰺（縞鰺）扔掉，當他把魚身折斷時，發現魚骨附近還有一塊肉竟然並未腐爛。他把那塊肉割下一嘗，發現竟然魚味出眾、鮮味倍增，完全不同於新鮮之時。從那天起，木村師傅開始研究起了魚肉隨著時間、溫度和濕度變化的機制。

這個故事我在店裡聽過兩次，都是客人吃到興奮處，問起木村師傅如何想到熟成這個手法的，木村師傅便當笑話似的講了這段辛酸往事。其實食客不知道的是，木村師傅花了近五年時間研究熟成技法。

「反正我很閒，要別的沒有，時間就有一大把。」木村師傅在接受某雜誌採訪時自嘲地說道，由於那幾年壽司店生意很差，他便利用空閒時間反覆試錯，記錄了大量的數據，在食材處理、設備和器皿的設置上都做了大量的工作。這些工作十分技術派，但木村師傅說自己內心是偏文藝的。

有客人問，「在試驗時，誰來負責試吃呢？」木村師傅說，初期對食材變化把握不夠，只能讓自己母親當小白鼠，因為自己身體不適的話就要耽誤工作了（聽上去好殘酷哦）。為了精確觀察食材的變化，木村師傅每日工作時間極長。某次他母親笑著跟我說，他再這樣工作下去，會猝死的。而木村師傅還是一臉笑容，精神十足，完全看不出他一天只睡三四個小時。

木村師傅的熟成技巧也有家學的因素。他 20 歲時父親早逝，因此跟著祖父學習壽司製作，並積累了扎實的傳統江戶前技巧，其中便包括鹽漬、醋漬、調味和食材保存技術。

開始研究熟成技術後，木村師傅便不再購買金槍魚，因為他需要一整條購入，以全面詳細地研究魚身腐爛變質的原理和過程，顯然購買一整條金槍魚的主意不太現實。

隨後的一段時間，許多批發商不理解木村師傅在做什麼，有些批發商聽聞他在研究熟成，甚至不願把魚賣給他，因為擔心自己的魚被糟蹋。直到五年之後，木村師傅形成了一整套自己的料理理念，重振旗鼓。批發商和壽司同業來品嘗了木村師傅的「成果」後，才明白他沒有胡鬧。

當年東京名店壽司匠（すし匠）的主廚中澤圭二（現於檀香山麗思卡爾頓酒店壽司匠擔任主廚）曾以熟成食材聞名，他品嘗了木村師傅的手藝後，在電視上大力推薦了喜邑。很快喜邑成為了東京獨樹一幟的美食目的地，這家遠在二子玉川無人問津的小壽司店，成為了全東京最難預約的名店之一；而東京米其林指南也連續多年給予它二星。

如今的木村師傅從容自信，他對自己的料理有全面精準的把控。某次帶友人去喜邑，友人連續誇讚木村師傅的酒餚和壽司好吃，木村師傅都打趣地回道：「我知道」，引來全場一陣歡笑。

喜邑的廚師套餐（お任せ）一般包括 4 到 8 個酒餚，12 到 14 貫壽司，分量在東京不算大（壽司個頭較大）。食客吃完往往都想追加，但木村師傅常會婉拒，因為多數食材要提前多日熟成，他計算好了分量，若隨意追加，後面的客人便沒的吃了。不過我常會厚著臉皮一樣樣問過去，每次總能追加兩三種。

想要追加，自然是因為好吃。喜邑的壽司是食材和醋飯高度和諧的產物，讓人一吃難忘。

每次酒餚結束後，一小碟極富個性的薑便會呈現在食客面前。木村師傅的薑以醋與鹽醃漬，不似坊間多偏甜口的壽司薑，喜邑的薑酸味極重，初次吃可能非常不習慣。但口感上是柔軟多汁的，而且清口功效很好。

隨後木村師傅會用東松島產的高級海苔捲著醋飯，讓食客品嘗。食客可以專注於醋飯，更為直觀地瞭解木村師傅醋飯的特點。而只用海苔包裹醋飯亦是主廚對醋飯高度自信的體現，平衡的醋飯不需要多餘食材襯托已十分美味。

木村師傅的壽司飯煮得偏硬，顆粒分明，醋味雖然聞上去顯著，吃進嘴裡卻是柔和的。一般煮法的米飯太軟，與木村師傅喜歡的富士壽司醋不搭。於是他反覆試驗了煮米方法，經過幾年的試錯才決定將米飯煮到米芯剛熟的狀態。這樣米飯在充分吸收了醋後依然飽滿，醋、飯及熟成食材三者可以搭配起來。食材熟成後往往偏綿軟，與質地較硬的醋飯結合在一起才能達到微妙的平衡。一口美味醋飯入口，令食客對後續的壽司更為期待。

喜邑常出現的食材有 20 多種，每一餐木村師傅會準備 10 至 14 種食材。大部分時候木村師傅依舊按照烏賊類、白身魚、貝類、銀皮魚、紅肉魚、星鰻（穴子）及玉子的順序構建菜單，但有時候銀皮魚和白身魚的順序會交叉；有時候則沒有貝類，甚至星鰻都不一定有，並無絕對套路。

不過熟成超過一個月的條紋四鰭旗魚（俗稱黃旗魚，日文名為真梶木）一定會在套餐的末尾出現。這是一貫每次都引起驚歎的壽司，首先它的熟成天數是最長的。以我的體驗而言，黃旗魚的熟成天數只有一次是 35 天，其餘幾次都在 50 天以上，最長的一次竟熟成了 60 天。天數的長短因魚體各異，並非越長越好。

其次便是這貫壽司驚人的味道。黃旗魚腩在熟成後橘紅透黑，讓人並無太多食欲，乍一看以為是醬油漬過的三文魚。但入口一吃，便令人難忘。它的口感是綿密軟嫩的，魚肉被牙齒擠壓後與醋飯徹底黏合交融，形成難以分割的整體。魚味在口腔中散開，與醋飯的米香和醋味結合，長時間的熟成將魚肉的鮮味提升到了新的高度，並在尾韻中帶出了濃重的咖啡豆香氣，即使嚥落肚中仍有餘韻迴蕩在口中。第一次品嘗時我忍不住問木村師傅怎麼有股咖啡豆的香氣，木村師傅打趣道：「可

上｜第一口一定是品嘗醋飯

下｜這一貫黃旗魚腩是我吃過的熟成時間最短的一次，僅 35 天。

能是附近星巴克飄過來的吧？」

其餘食材的熟成時間短則三四天，長則一個多月，並無定論。木村師傅從不刻意延長熟成時間，只要狀態達到最佳，便是熟成完成之時。比如鳥尾蛤（鳥貝）、北寄貝和日本象拔蚌（海松貝）等貝類，熟成時間多在三至五天。熟成後的貝類海水味減淡，甜味和鮮味大增。鳥尾蛤熟成三天後沒有新鮮時那種脆口的感覺，變得水潤柔軟，但咬下去仍有少許嚼勁，鮮甜滋味釋放，與新鮮時非常不一樣。

另一種熟成時間極短的食材便是廣受食客歡迎，卻常常不給追加的剝皮魚（皮剝）。熟成三至五日的剝皮魚一改白身魚淡口的感覺，魚身變得鮮味突出，口感依舊帶有少許脆口，配上剝皮魚肝的香濃，在芽蔥和少許酸汁的平衡下，形成了複雜的味覺大合奏，可以說是極致的美味。雖然這類搭配別的壽司店也有，但與木村師傅的剝皮魚相比，其他店的出品都顯得平淡無奇了。

木村師傅的筋子也是一絕，日語所謂「筋子」便是帶有卵巢膜的鮭魚籽。木村師傅只在當季時候準備這一食材，因此入秋以後才能在喜邑見到這貫壽司。筋子經過三週左右的熟成、醃漬後，散發出亮紅的寶石色澤。口感不再是彈牙多汁，而變得綿密有黏性；味道略微有點像味噌漬筋子，散發出淡淡的醬香，卻更為鮮甜清爽，正好與醋飯完美搭配。

一些油脂豐富的魚類給人容易腐爛的印象，似乎熟成難度極高，不過木村師傅早已研究透徹，無論是鰤魚、高體鰤（間八），還是秋刀魚或沙丁魚（鰯），都被他處理得服服帖帖。

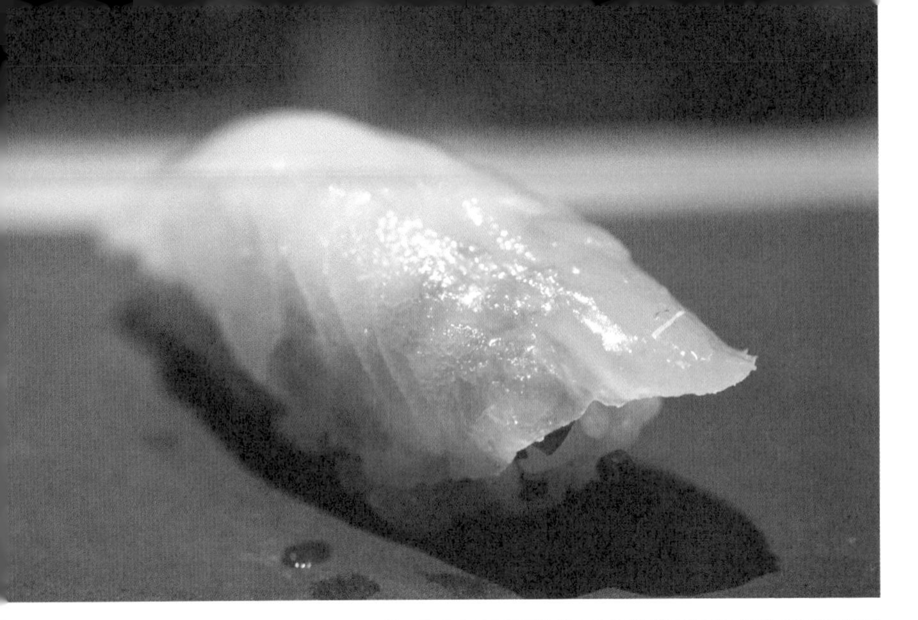

上｜剝皮魚

下｜筋子

熟成一個月的鰤魚配上少許蔥白，油脂的香氣得到盡情的釋放，與蔥白的清香搭配，展現出了平衡高雅的味道。而三重縣的高體鰤經過一個月的熟成，魚肉從粉色變白，多餘的脂肪分解後，顯得清甜可口。

沙丁魚的熟成時間方差極大，短則 6 天，長則 22 天，是一種熟成難度較大的魚。在木村師傅的把控下，即便是熟成了 22 天的沙丁魚依舊銀光閃閃，魚皮上的斑點都十分完整。一入口，醋的味道確實是各食材中最重的，但與沙丁魚的油脂搭配卻並不顯得突兀。經過這麼多日的熟成，沙丁魚的油脂香氣依舊顯著。由於多餘脂肪分解，魚肉反而比新鮮時更有口感。

雖然成年藍鰭金槍魚（黒鮪）並不在木村師傅的食材單上，但整條購買幼體金槍魚（メジ）是可能的，木村師傅偶爾也會製作幼體金槍魚的壽司。某次吃到一貫貌似煙燻熟成鰹魚的壽司，但味道上酸味較尋常鰹魚更重；魚肉口感更為綿軟細膩，而魚身顏色偏淡，於是問木村師傅這是什麼。原來是熟成了三週的佐渡島幼體金槍魚。不過這一味僅遇見過一次。

築地市場搬遷前，跟著木村師傅去了一趟[4]，他帶我們去著名的金槍魚批發商石司看金槍魚切割，店主開玩笑地問道：「什麼時候開始用金槍魚啊？」木村師傅帶著我們一溜煙就跑了。

其他比較特別且少見的食材還有岩手縣的野生帝王鮭（鱒の介）和大分縣的城下鰈。4 至 5 月間，帝王鮭徘徊在岩手縣海域，個頭尚不是很大，重量在 20 公斤左右，之後便會逐步北游。木村師傅將其熟成三週，魚身的顏色變得稍淡，看上去更為柔和；味道上不再有三文魚油脂的惱人氣味，僅有淡淡的香氣；入口後綿密柔軟，鮮味突出，全然不像尋常吃的鮭魚，可以說是高級壽司店中「三文魚」料理的巔峰之作了。

城下鰈自古被認為是鰈魚中的高級魚，亦是大分縣的著名物產之一。在木村師傅的白身魚選擇中，鰈魚出現的頻率是較低的。他通常會選擇魚味更為顯著的白身魚，不過這貫鰈魚經過六日的熟成，已經顯著軟化，原本只有口感，缺乏深層鮮味的鰈魚竟變得如此鮮美，魚味也變得十分突出，令人驚歎。

喜邑的酒餚中有時候會有海膽，但做成壽司則相對少見。唯有一次，木村師傅將飽滿大片的紫海膽（紫雲丹）熟成了三週，拿出來時顏色已經變得十分暗淡，完全不像日常見到的海膽。如此難以保存的食材竟然可以熟成三週之久！而且捏成壽司，完全不需要做軍艦卷都可保持形態完好，更是令人驚奇。最令人驚奇處是入口後成倍加強的鮮甜滋味，竟然比新鮮海膽還要濃郁，讓人吃得眼冒金星，直擊感官深處，怪不得有食客猥瑣地稱喜邑的壽司為「情欲壽司」……

木村師傅的熟成功夫有時候竟有化腐朽為神奇的功效。譬如平淡無奇的藍點馬鮫魚（鰆）經過兩至四週的熟成變得鮮美異常，口感上不再厚重呆滯，變得通透輕盈；魚肉從蠢笨變得有生氣，味道也跳躍起來，與醋飯搭配在舌尖上給食客帶來一種完全陌生的馬鮫魚體驗。

黃雞魚（伊佐木）本身的特點是口感彈牙，魚味淡。但經過木村師傅 10 天左右的熟成，黃雞魚獲得了新生。彈牙的口感減弱，魚身變軟，與醋飯更好地融合在一起；魚味加重，深層次的鮮味得到解放，竟成為了很不錯的開場白身魚之一。

至於常作為第一貫登場的白烏賊（用墨烏賊時切法不同）是我在喜邑最喜歡的食材之一。其熟成時間較短，通常在五至七天。這一貫壽司體現了木村師傅純熟的刀工，在客人品嘗酒餚時，他邊與客人閒聊，邊信手揮刀將烏賊切成薄如紙片的單張，再細細切成絲。捏成壽司入口之後，好似一團鮮甜的炸彈在口中爆裂，是一種難以言說的美味。

收尾的星鰻（穴子）並不是每次都有，木村師傅去築地市場時，他說一個月沒做星鰻了。不過其他壽司太過精彩，星鰻反而存在感一般了。喜邑的玉子燒是用雞蛋、周氏新對蝦（芝海老）、日本對蝦（車海老）和白身魚混合製成的，口感上介於啫喱與蛋糕質感之間；雞蛋的香氣十分明顯，而其他食材則融入了質感當中，透出淡淡鮮味。

多次拜訪後，我發現木村師傅的壽司沒有一貫令我失望的，無論什麼食材，在他的調控下都發揮出了最深層次的魅力。連我素來不太喜歡生吃的鯖魚（鯖）都被木村師傅收拾得美味動人。

對於食客而言，這些食材雖然熟悉，卻又是重新去認識。好比當年只是知人面，如今方知他人心。

壽司雖好，酒餚若無法與之匹配，亦難以讓人滿意。譬如某次在一家次郎系的名店吃到臭海膽酒餚，令人幾乎嘔吐出來，對後面壽司的興趣也大減。喜邑不僅食材不偷工減料，構思和料理上更是匠心獨具。木村師傅的酒餚真可謂天才之作，巧思百出。

簡單者，如常作為開場的蛤蜊酒（蛤酒），亦十分美味。

蛤蜊濃湯配少許溫熱的清酒，淡淡的酒香加深了蛤蜊湯的鮮甜，而酒味恰到好處、若有若無間，是這道酒餚的妙處。冬日裡去喜邑，這蛤蜊酒便是一陣潤人心脾的暖流。

再比如海膽蕎麥麵，是用應季的新鮮海膽做成麵汁，以冷麵的形式呈上。根據季節的差別，木村師傅會選擇當季最適合的海膽。我個人最喜歡的是秋季使用的鹿兒島產的赤海膽（赤雲丹），甜味十分突出，味道濃郁，具有豐富的層次感。其與蕎麥麵十分融合，海膽汁均勻綿密地附著在麵條上，每一口麵都十分香甜。

同樣道理的還有鱈魚魚白（白子）燉飯、生雞蛋海參卵巢（海鼠腸）拌飯以及鮑魚配肝醬的醋飯。三道菜有相似之處，便是用味道濃郁、質感綿密的食材去配合米飯食用。但味道上，三者是全然不同的。

鱈魚魚白被打成芝士一般的質感，乍一看以為是意大利燉飯，一嘗卻是魚白。其中的點睛之筆是平衡魚白肥膩感的少許胡椒碎。

生雞蛋配醃漬（塩辛）過的生海參卵巢拌飯是鮮味爆棚的一道酒餚，海參卵巢的個性突出，生雞蛋則相對柔和，與醋飯結合在一起可謂人間美味。但若不喜醃漬海鮮內臟的食客，可能真的需要配些清酒方能享受這道菜了，不過木村師傅之酒餚者，本身就適合配些酒一起食用。

鮑魚和肝醬拌醋飯不是新鮮吃法，但木村師傅的肝醬鮑味極其濃郁。若喜歡肝醬帶點奶油氣味的食客想必不會喜歡，而我卻認為這道拌飯異常美味，鮑魚的個性被完全釋放出來，香

上｜沙丁魚

下｜蛤蜊酒

氣突出，明確了這道菜的主題。

至於一些複雜的酒餚，木村師傅甚至用了現代料理的手法，將食材打散重組，給食客全新的味覺體驗。譬如木村師傅笑稱為「魷魚巧克力」的酒餚，便是用熟成之後的北魷（太平洋褶柔魚，日語為鯣烏賊）內臟製成的。木村師傅將魷魚內臟取出後，醃漬一星期左右；隨後花費多日的功夫反覆去除多餘的鹽分和水分；之後用信州味噌（米麴與大豆製成的一種味噌）和紅味噌混合醃漬一週左右；將醃製好的北魷內臟用塑料膜造型，最後通過冷凍定型。

呈現在食客面前的是一小塊棕色物質，看上去好似生巧克力。一入口雖無巧克力的香氣，卻有一股濃郁的鮮甜味道。由於是冷凍定型的，這酒餚在溫熱的嘴裡便化開了，猶如巧克力在口中解體一般，令人回味無窮。

還有只有一口分量的櫻花蝦醬（桜海老の海老味噌），是用新鮮櫻花蝦經過烤製、水煮和醃漬製成的。木村師傅認為新鮮櫻花蝦味道過淡，蝦肉的鮮甜無法完全釋放，於是研製出了這道小酒餚。

花費數小時燉煮的河豚清湯，將淡而無味的河豚進行濃縮，原本破費嚼勁的河豚皮變得柔軟膠黏。一碗湯裡既有濃郁的河豚白子，又有淡雅的河豚肉，還有充滿膠質的河豚皮，讓人大呼滿足。

還有一道酒餚看似山羊芝士，實際上是用高體鰤和黃雞魚的魚白製成。木村師傅只用少許橄欖油搭配這兩種魚白，魚白被做成糊狀，口感與新鮮山羊芝士相似，但香氣和味道則更雅

上｜鱈魚白子燉飯

下｜魷魚「巧克力」

致。木村師傅很多年前便已設計出這道酒餚，可謂天才之作。

至於各式烤製的時令魚，自然不必多說。木村師傅選的魚不按常理出招，既有帶魚（太刀魚）這種其他壽司店亦常見的魚，也有其他店不常選用的大眼青眼魚（目光）。

不過莫要小看這烤大眼青眼魚。此魚在烤製前先去除內臟和頭尾，然後陰乾一週左右。木村師傅用魚自身的內臟醃製成酒盜，配以清酒，煮沸後冷卻製成酒盜汁。然後用酒盜汁浸泡魚身，隨後再乾式熟成一週左右。魚肉多餘的水分蒸發，油脂變得更為豐富細膩，肉質較新鮮時更為鬆軟，入口綿密；而魚肉吸收了酒盜的鹹味和鮮味，已不需要多餘的調味。這是細節中見真章的作品。

當然在所有出現過的酒餚中，我最喜歡的是木村師傅獨創的「醉蟹」。木村師傅說，韓國有醬油蟹，中國有醉蟹，日本卻沒有類似的醃漬蟹料理，於是他填補了這一空白。

梭子蟹（渡り蟹）經過三週左右的熟成、醃製，醬汁的味道已完全進入蟹身。這是一道與醬油蟹毫無相似處，與中國醉蟹也絕不相同的菜品。木村師傅用白蘭地酒和山椒醃製梭子蟹，因此蟹肉有一股清新的山椒香氣，並無不雅的氣味。白蘭地酒揮發較快，呈現在食客面前時，酒味已大大減弱，只有香氣殘留在蟹身上。因此食客即便在吃壽司前吃了這道大菜，也不至於感到味覺疲勞。

有食客好奇木村師傅究竟是如何完成這些食材的熟成的，他笑而不語。坊間流傳他有幾個時光寶盒，可以讓食材在裡面久居不壞。原來木村師傅有八部溫度各異的冰箱，用以熟成不

上｜魚白配橄欖油

下｜木村師傅的醉蟹

同的食材，這些冰箱便是他的時光寶盒，可讓死去多時的食材在舌尖上獲得明艷的重生。

熟成並不是冷藏，不要以為有了冰箱就能做熟成了。熟成的步驟十分繁複，早在市場採購時，一切就都開始了。木村師傅在築地市場（現在要去豐洲市場了）會做一件事，便是將某些魚的頭和內臟在市場內就切除，之後用清水洗淨魚身。我曾跟他去築地市場目睹了這一切，大體上銀皮魚都要這樣預處理。

血液是魚身發出異味的主要原因，因此去血一定要徹底。但放血步驟是木村師傅的商業機密，具體操作不得而知。處理完後，要根據魚種和具體魚隻的特點判斷適合的冷藏溫度，放入適當的冰箱中冷藏，去除多餘的水分。這個時間通常是一週左右，但每條魚時間長短不同。

之後用法國產（木村師傅的選擇）的鹽塗抹魚身，將魚身上多餘的水分析出。然後再度冷藏，在適當的時間取出魚，用鹽水浸泡，去除多餘鹽分，而鹽水的溫度亦十分關鍵。清除多餘鹽分後，魚便要進入時光寶盒裡休眠了。但每天都需要仔細觀察，確保沒有多餘的水分，並對魚身進行適當的「打磨」，去除損壞的部分。每一種魚、每一條具體魚的熟成時間都不同，需要靈活調整和把握，這是多年經驗累積才能把握的技巧。等待時機成熟，這些熟成魚便可與食客見面了。

有人會以為熟成是江戶前傳統的技法，其實這一說法並不準確。現在普遍認為壽司起源於熟壽司（熟れ鮨），這是食材保存技術有限的時代，為了延長食物保質期而產生的技法。本質上熟壽司屬發酵的範疇，絕非熟成技巧。發酵食品有濃重的氣味，而合格的熟成食材並不會有異味。

單純的鹽漬、醋漬或者醬漬一是為了調味，二是在食物保存技術缺乏的時代為了延長品嘗期限而做的努力。完整的熟成技巧是建立在科學進步的基礎上的，只有在濕度和溫度可以精確調控的情況下，才可以做到真正的熟成。

食材是否需要熟成，或者說是否需要如此深度的熟成，其實並不值得討論。因為每一種食材在不同狀態或者處理手法下，都會帶來不同的味覺體驗。熟成或者不熟成，兩者並不是二選一的關係，而是構成日本壽司圖景豐富多彩的兩種理念而已。

若對熟成技法的意義疑惑不定，那麼只要來喜邑吃一頓，便會折服，真正明白木村師傅熟成技法的魅力。

說了那麼久，難道喜邑真的是一家完美的壽司店嗎？那自然不是，不過唯一一次讓我覺得失準的是某次醉蟹做得偏鹹了，不過加點醋飯中和一下，也不是什麼大失誤。

註

1 本篇寫作於 2018 年 9 月中旬至 10 月中旬，基於多次拜訪，寫作前最後一次拜訪於 2018 年 9 月；修訂於 2023 年 6 月。

2 疫情期間招收了一名台灣女學徒。

3 2019 年 11 月 The Araki 在香港開業，倫敦店交給徒弟打理，詳情參見作者的《香港談食錄》第二卷《環宇美食》。目前香港店亦已結業。

4 參見《築地市場的清晨》。

此時無聲勝有聲

日本橋蛎殻町すぎた[1]

它符合我對當代高級壽司店的所有期待，而其中的靈魂便是杉田孝明大將本人。

日本人情社會，餐廳體量又小，因此形成了一套獨特的預約規則。初來乍到每每不得要領，一旦約到某家預約困難店自然令人充滿期待。每一個初來日本尋覓美食、拜訪餐廳的人都經歷過這一階段，從預約不那麼困難的餐廳開始，一步步去拜訪那些心願清單中的名店。

不過疫情幾年，網絡預約平台發展迅速，一些名店人手短缺，為便利計都紛紛在網上開放預約，此招一出可謂更改了遊戲規則，一方面為生客省卻不少預約成本，另一方面也給餐廳客群帶來了顯著變化。最近日本橋蛎殻町すぎた（Nihonbashi Kakigaracho Sugita，Sugita 即主廚杉田孝明的姓氏發音，為免混淆，下文以 Sugita 指代餐廳，杉田大將指主廚）便將部分座位放到了預約網站上，給生客打開了便利之門。不過這是題外話，今日不細述。

雖然拜訪了很多次，但我依然記得第一次與友人去 Sugita 時的興奮和期待；拜訪新餐廳的興奮度隨著時間推移而越發弱了，但每次去 Sugita 都還能記起那種當年的興奮感，杉田大將的料理確乎是有一種魔力的。

第一次去 Sugita 是在一個仲夏之夜，東京的夏日常常炎熱，至晚飯時間暑氣才稍消散，不過走在街上若有微風吹拂倒也算美事。當天約的是第二輪晚餐，8 點半不到我們就和其他幾位同一輪的食客靜候在門口了。Sugita 位於日本橋蠣殼町不起眼的某居民樓地下一層，此處是杉田夫人父母曾開設餐館的舊址，據說杉田大將當年在都壽司修業時經常拜訪這個餐館。2015 年杉田夫人家裡的小餐館結業後，杉田大將決定將店舗從日本橋橘町搬至此處，並從「日本橋橘町都寿司」改名為「日本橋蛎殻町すぎた」。

小小的黑色店面掛著原色麻布的暖簾，第二輪的開始時間臨近，但第一輪的客人尚未完全離開，聽裡面的聲響，主客談笑風生，想必用餐氛圍不是嚴肅派的。待客人盡數離去，店家收拾好座位，我們方走下樓梯朝主吧枱走去。Sugita 有一可容納九人的主吧枱及可容納四人的副吧枱，副吧枱與主吧枱僅一暖簾之隔，壽司全部由主廚捏製，再由副廚送入副吧枱塗上醬油待客。

在日本，生客首次去板前形式的餐廳一般都會被安排在兩邊的位置，座位安排多數時候都會考慮客人與店家的親疏關係。初次拜訪，我們被安排在吧枱最內側，Sugita 主吧枱區域空間不大，但設計合理，燈光亮度和色調都較為平衡，事後發現 Sugita 的室內燈光很適合拍食物，而「平衡」二字也恰恰是他的料理精髓所在。

當晚我們吃得非常開心，酒餚看似簡單卻每一道都有明確而不可替代的滋味。開場只是簡單的鹽水煮毛豆，山形縣鶴岡產的「茶豆」較一般毛豆色淺而味濃，熟度恰好，口感糯軟細膩。後續的酒餚亦都遵循努力將食材最佳本味激發出來的料理思路，並無過度烹飪。早期的江戶前壽司並無酒餚概念，後來從路邊攤變成餐廳形式後，才開始有壽司前先上小菜的理念，但多數亦只是刺身之類的生食，食材上也常與後面的壽司題材重合。在杉田大將獨立的時候，一些老一輩的壽司師傅已經開始改良酒餚，比如煙燻鰹魚、煮鮟鱇魚肝、烤白子等菜式早已出現。在此基礎上，他進一步拓展了酒餚的邊界，比如對季節性蔬菜的運用便是以前少見的，無論是茶豆、白果、蠶豆、小芋頭、野芹菜還是牛蒡，都可以在他手中變成簡單卻風味十足的酒餚。隨處可見的岡村枝管藻（水雲）在他手中亦可處理得軟滑細潤，簡單之物料理出不尋常滋味才見職人真章。

我從未拜訪過都壽司，但以網絡圖片判斷，這家老店的風格非常街坊化，毫無高級感可言，很難將其出品與杉田大將的料理聯繫起來。正所謂「師傅領進門，修行在個人」，經過 12 年的修業，2004 年獨立開店後，杉田大將逐漸形成了自己的料理風格。

原先店名為東日本橋都壽司的壽司店，本是杉田大將的師兄獨立後，由師傅投資開的店，兩易其手後陷入了困頓。杉田大將從師父處低價接手了店面，改名日本橋橘町都壽司，從這裡開始了自己的主廚生涯；保留「都壽司」的名號則是為了不負師恩。據說剛開始餐廳生意非常一般，午餐做些魚生飯還有生意，到晚上便門可羅雀了。在一個電視採訪中，杉田大將說那時每天都在思考如何才能做出真正吸引客人的壽司，他也曾試過用名貴食材或特別魚料，但這終歸是本末倒置，難道要每天都去尋找更為特別的食材嗎？經過長久的思考和實踐，他才想清楚自己的料理理念和努力方向——那便是立足基礎，將最基本的品類和技術磨煉到極致，形成了獨特的杉田風格的江戶前壽司體驗。

去得多了，逐漸知道 Sugita 的酒餚根據時令變化，偶有新作，但總體上每個季節的出品已形成了固定的結構。在諸多酒餚中，最受歡迎的無疑是鯖魚卷（〆鯖巻き）和沙丁魚卷（〆鰯巻き）了。初次拜訪正值盛夏，鯖魚季節已過，沙丁魚開始肥美起來，當天餐廳準備的是沙丁魚卷。杉田大將在吧枱動作優雅地將充滿脂肪的魚肉搭配壽司薑、細蔥和紫蘇葉細細捲起，再利索地切成厚薄均勻的小卷。從橫截面來看，魚肉肌紅脂黃色澤不同，搭配黃薑綠蔥別有一番意象。一入口香滑肥潤的魚肉搭配清新的紫蘇、爽口解膩的薑以及增香增味的細蔥如同在口中演奏出味覺交響樂，杉田大將建議我們多抹些山葵一同食用，更襯托出魚肉的鮮香，亦留下一絲清爽的尾韻。

若說優質沙丁魚本身味道肥美，做成磯邊卷（即用紫菜捲

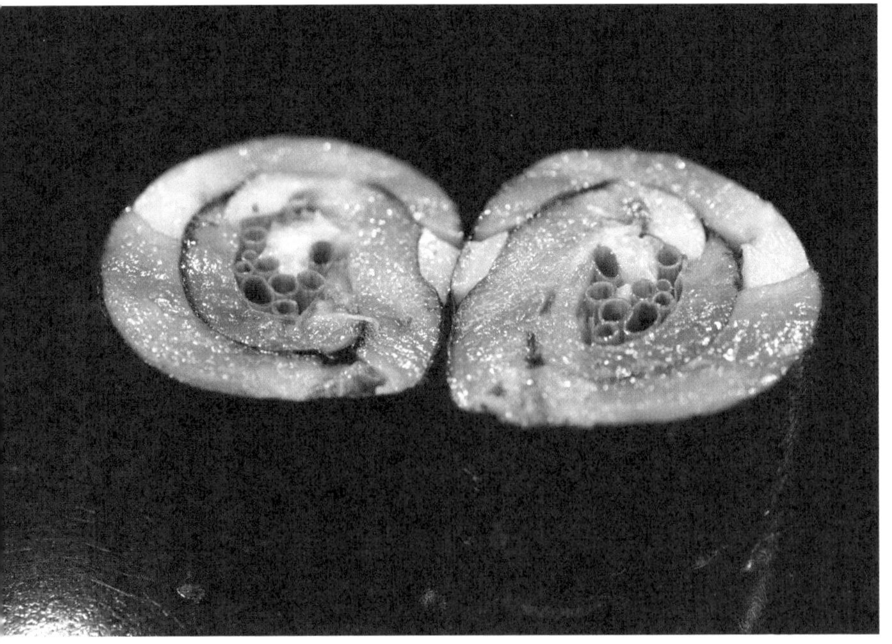

上｜里芋（小芋頭）

下｜鯖魚卷

起食材製成的壽司）大多美味，那要把鯖魚做得美味就沒那麼容易了。但對杉田大將而言，這完全是小菜一碟。冬天和初春是鯖魚卷的時令，此魚很難處理得雅致細膩，過程中稍有差池便覺腥氣；杉田大將對其進行了四日左右的醃漬，令魚皮柔軟，脂肪釋放出香氣，而鯖魚本身的腥氣全無。搭配壽司薑、紫蘇葉、細蔥和山葵更是形成了複雜的味覺體驗，比沙丁魚卷更勝一籌。

而諸如味噌醬漬海膽、鯡魚籽（数の子）和煮鮟鱇魚肝則是常駐，這些小菜都是真正意義上的酒餚，調味整體偏重一些，配清酒一流。上鮟鱇魚肝時，杉田大將會為客人搭配一小杯新政酒造的「陽乃鳥」，即便不嗜酒，這一小口還是應該喝，不然便不能完整體驗主廚設計的味覺結構。吃了八九個酒餚後，杉田大將詢問是否繼續吃酒餚，還是開始握壽司環節。第一次拜訪我們自然追加了當天所有的酒餚，而這也成了我的習慣，從此之後每次都是雷打不動吃完當天可提供的酒餚才開始壽司環節。餐廳一般每天準備的酒餚在 14 個左右，客人可以挑選自己喜歡的品類追加，不必全然取捨。

有個細節比較有趣，Sugita 酒餚中的鰹魚都是去皮的，但做壽司題材時則保留魚皮。因做酒餚的鰹魚不是火烤煙燻的，魚皮並不美味。而做壽司題材時則多數時候經過火烤，因此保留魚皮。

胃口小的人吃完十四五個酒餚可能已有飽腹感了，看到壽司的個頭可能要一驚，因為杉田大將的壽司體積不小，屬於偏大的風格。他的壽司造型飽滿，題材和醋飯比例平衡，落盤時

上｜鮟鱇魚肝、生蠔及配酒

下｜鰹魚

有輕盈下沉感。壽司醋飯軟而不黏，顆粒分明卻合力恰當；搭配不同食材時，每一貫醋飯的溫度、結構和空氣感都有微妙的不同；醋飯的酸度和鹹度適中，與多種題材搭配都實現了平衡鮮美的效果。

雖然在都壽司修業12年，2004年便獨立開店，但杉田大將一直都在研究醋飯，因為這是一家壽司店的立足之本。他在《壽司神髓》（すし神髄）一書中說，單單煮飯他便研究了兩年之久，如今的成功建立在無數次失敗的基礎上。他混合使用當下最佳產區的越光陳米（古米）和古陳米（古々米），一般收割未滿一年的米稱為新米，超過一年則為陳米，而所謂古陳米就是收割超過兩年的米。陳米和新米的區別主要在含水量，而陳米煮熟後黏性會更低。晚餐的舍利（醋飯）需要從前一天開始準備，首先要將淨水冷卻一晚，至次日早上9點開始淘米。淘米後在米中加入略少於米量的冷水進行浸泡，浸泡過程是在冰箱中完成的，因為時長達八小時，如果放在常溫下米就會發臭發黏。當天午餐所用的米飯則需要在前一天午夜開始浸泡。這麼長時間的浸泡是為了讓米粒充分吸收水分。

幾年前開始，杉田大將改用訂製的羽釜煮飯，這令他可以更好掌握米的顆粒感和黏度。所謂羽釜就是中部有一圈如羽毛般邊緣的鍋子，這邊緣正好卡在爐子上，配以厚重的鍋蓋，可增加烹煮時鍋內的壓力。從電視採訪中可以看到，杉田大將對於醋飯的烹飪和調製都是親力親為的，因為這是壽司店的重中之重，容不得有半點閃失。米飯通常在進行到第四五個酒餚時開始烹煮，當鍋內開始沸騰後，需要循聲判斷後續步驟，杉田大將會趴在鍋邊仔細分辨裡面的響動。隨著蒸汽上行，鍋內開始有冒泡聲，繼而轉為嗡嗡聲，再轉為嗖嗖的高亢聲響，這時需要判斷將火轉弱的時機。一般當鍋內完全沸騰時，就要立刻轉小火，保持鍋內完全沸騰數分鐘後再轉大火，微有焦味時關火，整個過程大約 14 分鐘左右。滑開木蓋讓蒸汽慢慢逸出，再蒸十分鐘左右，米飯便煮好了。在電視採訪中看到一個細節，米飯煮好後，杉田大將對著它合十擊掌兩下並深深鞠躬，這是對米飯的敬畏之心。

煮好米飯是製作好美味醋飯的第一步，之後如何調味和拌米也是決定成敗的關鍵步驟。Sugita 的舍利是典型的赤醋風格，米醋與酒粕醋的比例六比四，調味時會用極少量糖來平衡酸度。都壽司的醋飯是用很多糖的古早風格，獨立後杉田大將逐步減少了糖的用量，現在的配方只用極少量的糖而已。混合好的醋倒在米上面，之後的拌米手法也非常重要，需要大幅度移動木勺，令米粒快速黏上醋，同時要將米粒分開；之後用扇子輕輕搧動，去除米表面多餘的水分，靜置五分鐘後再將調製好的舍利轉移到保溫櫜籠（櫜櫃）裡就可以捏製壽司了。

櫜籠裡有隔水保溫設計，底部和側面靠近沸水自然溫度偏高，頂部和中心則溫度較低。因此不同的題材會搭配不同位置的醋飯，以達到理想的舍利溫度。比如溫熱的舍利可以進一步帶出蝦肉的鮮甜，因此取用溫度偏高的醋飯。而飯糰的大小、空氣結構亦需要根據具體食材調整，絕非千篇一律套用公式。

第一次拜訪便發現，杉田大將的每一貫題材都經過細緻精確的處理，以達到具有鮮明個人風格又不失傳統的料理效果，第一印象是平衡鮮美，而尾韻又極悠遠。每一種題材在保留自身個性的基礎上，根據統一的劇本走向扮演著相應的角色，絕非如撞大運般時好時壞。正如前文所說，初創時期，杉田大將亦想過用名貴食材的思路，但最終認識到那是本末倒置，從而回歸到對基本技法的探索和修煉中。疫情前 Sugita 的定價屬於兩三萬日元檔次，在頂級名店中並不算貴，在這一定價前提下，食材分配體現出主廚對套餐結構的深思熟慮：並非每樣食材都需要用到最頂級，只要品質符合標準，經過細緻精確的料理手法，便可將食材的美味最大限度地釋放出來。第一次拜訪時這一感受已十分明確，這也是令我感動之處。提高食材成本是最討巧的做法，但這樣做的話，主廚作為烹飪藝術家的才華和技法通過什麼體現？所以我一直認為食材等級與烹飪技法之間需要找到一個平衡點，而這個平衡點往往是一家餐廳的風格所在。

最能體現杉田大將壽司理念的無外乎是永遠作為第一貫登場的窩斑鰶（小肌）。第一次去不知道這是他的固定順序，後來才發現，窩斑鰶就是他重點體現江戶前特色的核心題材。

這是非常古早的江戶前壽司題材，窩斑鰶這種魚其他做法都不太美味，醃製得當做成壽司卻有一種清新鮮美的感覺。杉田大將根據每日到貨的窩斑鰶狀態來判斷鹽漬時間，一段紀錄片中他將同一批魚分成兩組，一組醃漬 45 分鐘，另一組則是 46 分鐘，記者問他為何差一分鐘，他也說不出具體原因，但從油脂含量和狀態上判斷就該如此。不僅令我想起賣油翁的「無他但手熟爾」。鹽漬後再進行醋洗和醋漬，之後取出排列放置一段時間待用。

不同產地和季節的窩斑鰶幼魚狀態差異很大，東京灣的肉質肥厚，皮肉骨都較軟，可整條捏製；九州產的脂肪含量高，但個頭大，魚皮偏硬，因此需要改刀後才可捏製壽司。故此，在 Sugita 可以見到各種形態的窩斑鰶幼魚壽司，從中大致亦可判斷出產地和季節。

待 6 至 7 月，窩斑鰶進入新子季節，很多店家都急於展現「初物」，引得這幾年新子初入市的價格屢創新高。杉田大將不跟隨這潮流，等新子長到合適大小時方提供，一般都是四枚握（以四條魚握成一貫）。某次拜訪時，除了新子外亦提供了其他產區的小肌壽司，以讓客人感受兩種不同的風味。杉田大將的窩斑鰶壽司處理得鬆軟而不鬆垮，肉質有嚼勁，卻全無惱人腥味，只透著淡淡油脂的香氣和醋香，越嚼越鮮甜。醋飯結構根據窩斑鰶的狀態靈活調整，整體而言這一貫的空氣感較為顯著，令一整貫壽司都顯得輕盈雅緻。在最後幾個如烤魚、烤扇貝等味道濃郁、油脂豐富的酒餚之後，窩斑鰶作為第一貫壽司登場還可起到清潔味蕾、為品嘗後續壽司做好準備的功能。

Sugita 常年與著名金槍魚批發商石司合作，眾所周知石司主攻優質金槍魚，雖則每日漁獲有等級差別，但總體上石司的金槍魚是優質的代名詞。杉田大將的主廚套餐中，不會刻意突出某一種食材，而是根據套餐整體結構合理安排，即便如今金槍魚受寵，在套餐中也只會有兩三貫。其中最讓我喜歡的不是油脂豐富的大腹，而是最能體現傳統江戶前技巧的醬油漬金槍魚赤身（赤身漬け）。

杉田大將選用赤身接近脊椎骨的部位，日語稱為「天身」，這部分最能體現赤身的鮮美微酸，血香亦最突出。醬油漬赤身每家江戶前壽司店都做，但杉田大將的做法獨樹一幟，他將赤身切得極寬大極薄，放入調味好的醬油中醃漬三分鐘左右，再吸走多餘醬汁，隨後眼見他將薄且大的赤身對摺，優雅地捏出一貫如小船般工整漂亮的壽司。放入口中更是發現這赤身與米飯交融一體，互相襯托著對方的鮮味和酸度，真乃渾然天成。

每個季節都有非常出彩的壽司，難以一一盡述。其中帶籽槍烏賊（子持ち槍烏賊）、春子鯛和藍點馬鮫魚（鰆）是我印象非常深刻的三種。帶籽槍烏賊是春季食材，每次吃到都驚為天人。軟嫩的烏賊肉內側是濃稠鮮美的籽，晶瑩剔透地包裹在舍利之上；烏賊上抹著鹹甜適中的醬汁，一入口全然化為一體，鮮味、甜度、酸度和烏賊籽微微的澀度集合一體，形成複雜的味覺體驗，真乃可遇不可求的時令食材。

春子鯛是真鯛的幼魚，屬於一年四季都有的食材。杉田大將先用鹽醃漬，再醋洗，之後冷藏靜置一至三日，再用海帶包裹醃漬（昆布締め）。捏製成壽司後撒上鹽與香橙皮碎，未入口已聞到清香，入口更覺軟嫩滑潤，鮮香適口，非其他店的春子鯛可比。而煙燻藍點馬鮫魚是壽司店常見題材，其他店做得美味的自然不少，但杉田大將的版本依舊充滿了個人體色，並做出了他處難覓的鮮美和深邃。一入口的煙燻味是溫和而平衡的，隨後感受到魚肉的嫩滑，繼而鮮味開始釋放，軟嫩的魚肉與醋飯交融，進一步互相激發出鮮味，此刻想起都垂涎欲滴。

上｜一點五枚握的新子

下｜天身漬

第一次拜訪時，吃到尾聲，朋友有事想早走，本想跳過最後幾貫，我提議還是吃完全場再走。後來才知道如果當天錯過 Sugita 的星鰻（穴子）那會是一大遺憾。杉田大將詢問我們想要鹽調味還是醬汁調味的，我斗膽問可否兩種都要，大將笑著說當然可以，從此之後我每次拜訪都是兩款星鰻都要。Sugita 的星鰻糯軟鮮甜，帶有微微的空氣感，整個肉身吹彈可破，與醋飯的結合可謂完美。不知道學徒從鍋中取出星鰻時是否膽戰心驚，因為實在太容易破損了。

後來去的次數多了，杉田大將會調侃說：「雖然徐燊一定是兩款都要，但我還是詢問一下。」吃完星鰻的那一刻起，我便知道無論以後再去更多壽司店，Sugita 在我心中的地位已不可動搖。

第一次去一家預約困難的餐廳，而且是朋友的預約，自然是不方便問下一次預約的。因此當晚結帳離去後便有種悵然若失的感覺，心想下一次來 Sugita 可要猴年馬月了。無巧不成書，恰好又有熟客朋友約我來 Sugita，這一次我們兩人坐在副吧枱，雖則節奏慢了些，但食物本身與主吧枱並無二樣。

彼時的副廚還是安井大和，如今他已獨立在築地開設鮨処やまと（Sushidokoro Yamato）。臨走前朋友問我你想預約下一次嗎？雖然很不好意思，但還是誠實地回答了，於是朋友幫我和杉田大將打了招呼，兩個月後我便再一次回訪 Sugita 了。

時過境遷，如今站在杉田大將身邊的是來自京都的女副廚射場智左季[2]。她熱愛旅行，說得一口流利英語和西班牙語，決定拜入杉田大將門下前已是京都麗思卡爾頓酒店鮨水暉的板

上｜抱籽槍烏賊

下｜鹽調味的穴子

前了。自從射場加入後，Sugita 的用餐氛圍對於完全不會日語的外國人更為友好了，因為如果有需要，她會耐心用英語講解每道料理，而杉田大將最近也學起了英語，進步還挺快呢！

若不是疫情三年阻隔，我想每年肯定是要去很多次 Sugita 的，因為它符合我對當代高級壽司店的所有期待，而其中的靈魂便是杉田孝明大將本人。日本的板前餐廳是最典型的主廚負責制，這與當代高級餐廳發展趨勢不謀而合。主廚本人的技術、管理能力、審美品位乃至人品道德綜合決定了一家餐廳的風格和水準。

杉田大將有一種寵辱不驚、鎮定自若的強大氣場，這種氣場並非讓客人拘謹或緊張，而是讓餐廳裡的一切都有序運轉，各個細節都在他無聲的掌控中。他的這種氣質奠定了餐廳用餐氛圍和格調，而他捏製壽司時那種全神貫注的狀態和行雲流水般的動作都無不令食客癡迷。Sugita 的整個主廚套餐並不短，而九個人的吧枱要完成一整個套餐並將菜品間隔和用餐時間控制在合理範圍內，這本身就是大學問。杉田大將不僅不慌不忙，還給人一種安心之感，他捏製壽司時雙眼微閉，似在聆聽舍利與食材相交融時的聲響，又好似關閉視覺以利觸覺，把壽司捏得更為完美平衡，整個過程猶如高手運功，於無聲無息間定勝負。

除了捏壽司時那種優雅儀態外，他面對客人亦不卑不亢，既不顯得疏遠亦不狎暱，而對細節的注意常讓人感歎。飲食間隙，他會和每一位客人閒聊，即便是日語不流利的外國客人如我，也不會被冷落。甚至上一次拜訪時提到的小事，這次拜訪

捏製壽司的杉田大將

中他還可能提起，詢問近況，讓人覺得他對客人十分掛心，絕非場面上應付而已。最近某次拜訪時，他一眼受傷充血，生怕客人擔心害怕，提前都做了解釋，這些對細節的把握便是構成 Sugita 賓至如歸感的基礎。

壽司店的食材根據季節輪轉，每日套餐內容可能微調，但同一季節內大致維持一致。如果客人頻繁拜訪，則杉田大將會調整一些菜式，以讓客人吃得有新鮮感。比如有次一個月內連續拜訪兩次，都在初冬時節，第二次拜訪時杉田大將用北海道野生扇貝替換了我們三週前剛吃過的鰤魚刺身，而其他客人則如故。無需贅言，在 Sugita 的每一次用餐體驗都充滿了這樣的暖心細節。杉田大將在一次採訪中自謙說自己從小就希望給他人帶來快樂，這一性格令他適合從事服務行業。實際上對於細節的把握如何僅靠性格使然呢？

如此的名店且不實行熟客介紹制，自然可以見到各種各樣的客人，預料之外的突發情況想必亦不鮮見，但每次拜訪無論是遇到遲到的客人或者應付熟客天南地北的聊天內容，杉田大將都情緒穩定，應付自如，想必這也是花費了許多努力才達到的心態境界吧？1973 年 7 月 13 日出生的杉田大將也許是我見過情緒最穩定的巨蟹座了！

杉田大將中學時，NHK 拍攝了根據師岡幸夫[3]的《神田鶴八的壽司故事》（神田鶴八鮨ばなし）改編的電視劇《活潑的小子》（イキのいい奴，1987 年，10 集；1988 年拍攝了 13 集續集）。這部電視劇在中文世界裡知者甚少，雖然主演小林薰因出演漫畫改編的《深夜食堂》而在中國家喻戶曉，但這部他早期出演的作品卻難覓資訊。不過正是這部略顯冷門的電視劇吸引了少年時的杉田孝明，並在他心中種下了成為壽司職人的職業理想。

幾十年過去了，他每一天都風雨無阻地行走在成為更出色壽司職人的道路上。如今他早已功成名就，成為了公認的大師。他的徒子徒孫們也多有建樹：除了前文提到的安井大和外，還有最早獨立（2014 年底）的徒弟橋本裕幸，他的鮨はしもと（Sushi Hashimoto）早已成為名店；橋本的徒弟野口和暉也已在福岡獨立開設壽司店枯淡；早年跟隨水谷學廚的戶田陸在都壽司時期便開始轉投杉田門下，2017 年獨立後赴曼谷開設鮨いちづ（Sushi Ichizu），2023 年他決定班師回朝在東京開店。即便取得如此成就，杉田大將還是兢兢業業地站在工作第一線，從未懈怠片刻。

疫情阻隔三年後，重新回到這熟悉的餐廳、重新見到杉田大將和學徒們的面容時，那種初訪時的感動和興奮感撲面而來，如夢如幻，一切還是如此親切熟悉。而大將的料理日臻完美，第一口開始便瞬間回憶起在此處的每一餐美好相會。言語乏力，只能說，很多時候無聲勝有聲。

註

1 本篇寫作於 2023 年 8 月 31 日 - 9 月 4 日，基於多次拜訪。
2 射場女士已於 2023 年 11 月完成修業離開 Sugita 了。
3 師岡幸夫（1930- ）：壽司師傅，師從美家古鮨本店的加藤博章，1959 年在神田創辦鶴八餐廳，著有《神田鶴八的壽司故事》一書。

平凡與偉大的微妙界限

鮨さいとう [1]

在平凡中積累，逐漸走向偉大，而在抵達偉大目標時，依然沒有丟失平凡的初衷。

所謂師傅領進門，修行在個人。出身自「銀座御三家」之一久兵衛的壽司師傅數不勝數，而獨自闖出一番事業的卻並不多。就算有名門加持，到最後出得師來也要靠自己的鑽研和努力。久兵衛本店如今已難算美食旅行者心中嚮往的名店，但不可否認它作為「壽司培訓學校」，為當今壽司界培養了眾多職人，亦對當代高級壽司的發展做出了不少貢獻。比如世人都知道的軍艦卷 [2]，就是久兵衛的創始人今田壽治發明的，當年可算是離經叛道的創新呢。

說來慚愧，一直以來忙著拜訪更想去的餐廳，還沒機會做個老舖巡禮，心想著久兵衛就等以後閒來無事再去吧。不過久兵衛雖未去過，但久兵衛出身的壽司師傅的店我卻去過不少。有一家我時常拜訪的壽司店就與久兵衛淵源不淺，那就是著名的鮨さいとう（Sushi Saito，後文以羅馬字名代指）。

Sushi Saito 的主廚名為齋藤孝司（1972- ），不少人根據 Saito 這一發音來推斷對應的漢字名，結果訛誤成「齊藤」的亦不少。不過大將名片上可清楚寫了「齋藤孝司」正名，千萬不可再張冠李戴了。若論東京的壽司名店，在很長一段時間裡 Sushi Saito 都屬於最負盛名和最難預約的幾家店之一。想當年為了預訂，每個食客都使出渾身解數，有找高價黃牛的，有報名昂貴美食旅行團的，有到處託人幫忙最終又鬧出許多不愉快的。曾經我也預訂無門，但實在不願因為一個預訂而搞得雞飛狗跳，於是抱著隨緣的心態靜靜等待。

第一次見到齋藤師傅是在 2018 年 3 月 Sushi Saito 香港店開幕午餐上。午餐尚未開始，齋藤師傅已經喝起了香檳，看來他熱愛香檳的傳聞不假。待得開餐，他已經滿臉通紅，我們一度擔心他是否還能穩妥地捏壽司，到了握壽司環節才發現完全是杞人憂天，這點小酒怎能讓齋藤師傅發揮失常呢？一到了關鍵時刻，運刀捏壽司行雲流水，十分平穩。香港店有左右對稱的兩個吧枱，中間隔板可以移動，平時分為主副廚兩個區域，開幕當天則改為一個大的半圓形吧枱，共坐了 16 位客人。齋藤大將一人自然無法照顧全場，於是每半邊都各捏一半的壽司，隨後由當時駐場香港的主副廚負責。吃完了這一次覺得十分不過癮，畢竟香港店不是本店，而且也未能完整體驗齋藤大將主理的一整餐飯。不過吃到尾聲，主客盡興，大將舉著酒杯歡迎大家赴本店拜訪，幾個月後我和 W 小姐終於第一次拜訪了 Sushi Saito 本店。

說了半天，似乎都沒說到齋藤與久兵衛的淵源，看官莫急，與其討論齋藤與久兵衛的關係，不如花點力氣說說齋藤與金坂真次（1972- ）的關係。1972 年出生於千葉縣八千代市的齋藤師傅在高中畢業後進入久兵衛修業（1991 年），據說當時修業的辛苦程度令他一度想放棄，最後還是年紀相近的前輩金坂真次說服他繼續堅持下去的。金坂真次不僅壽司捏得好，更有做生意的天才。2000 年 4 月他便先登一步自立門戶在銀座開了鮨かねさか（Sushi Kanesaka，即其姓氏「金坂」），十多年時間裡金坂真次不僅在東京開設了多家 Sushi Kanesaka 分店，還通過入股等方式支持徒弟開店，比如すし家（Sushiya）系列店便是其中的範例。金坂真次還頗具有國際視野，早在 2010 年便派徒弟遠赴新加坡開設副牌 Shinji by Kanesaka（Shinji 即其本人的名字「真次」）。

金坂真次所做的這一切在事業層面對齋藤師傅的影響非常顯著。銀座的 Sushi Kanesaka 開業沒多久，他就過去為師兄打工了。2004 年，金坂開設赤坂分店，派齋藤擔任主廚，正是從這一步開始，齋藤逐漸在金坂風格的基礎上找到了自己的壽司之路，並形成了相當穩定的客群。早在赤坂分店時期，齋藤已經在日本食客群中形成自己的名聲，雖說是金坂的分店，又似乎總有些不同。赤坂分店的舊址在美國大使館對面，所在大廈為日本自行車會館（日本自転車会館）的物業，窄小的門臉很不起眼，初訪者往往要找一圈才能發現停車場入口這家小小的壽司店。金坂赤坂分店開業沒多久就贏得了廣泛聲譽，2007 年米其林指南發佈第一本東京餐廳指南時，金坂赤坂分店便獲得了與總店一致的一星評價（2008 年指南），也是在這一年，餐廳從金坂獨立，並改名為鮨さいとう。從此齋藤師傅開啟了事業上的新階段，Sushi Saito 逐漸脫離金坂分店的印象，開始建立起自己的風格和品牌特質。

2008 年米其林指南給予改名後的 Sushi Saito 二星評價（2009 年指南），第三年更是直接升為三星（2010 年指南），此後連續十年都是三星評價。當然對於熟悉日本餐飲業態的人而言，米其林指南僅僅是特定維度的參考而已，並非選擇餐廳的主要評價標準。不過從預約的困難程度就可看出，無論什麼維度，Sushi Saito 都已成為一家真正意義上的名店。

由於周圍建築改建，日本自行車會館大樓拆除，於是 2014 年初齋藤師傅將餐廳搬到了六本木的現址。相較赤坂時期，六本木新店自然寬敞漂亮許多，但主吧枱滿打滿算依舊只能坐九至十人，一般情況下都只接八位；副吧枱則由副廚負責。由於餐位頗少，逐漸地，陌生客人幾乎沒有任何預約的可能性了。即便是預約副吧枱的位置也是難如登天，齋藤在搬遷後很快成為實質意義上的熟客制餐廳。也正因此，2020 年開始齋藤師傅決定退出米其林指南評選，畢竟可能評審員都未必訂得到位置，沒有必要再撩動大眾心弦了。

金坂對於齋藤風格的影響是顯著的，在我看來金坂風格可用「平易近人」四字形容，它不強調過度的個人風格，亦無意用味覺篩選小眾客群，在最大範圍內讓各層次食客都能欣賞是其最大成就。在這一基礎上，齋藤師傅保持了金坂系的核心特點，又根據個人審美進行了全方位的微調，形成了自己溫婉平和又不落窠臼的風格。

壽司方面，齋藤師傅維持了金坂系易於理解和欣賞的特點。選用溫和的酒粕醋，在香氣和酸味上都十分平衡，色澤上甚至近乎無色。Sushi Saito 調製醋飯所用的醋是商業機密之一，但根據金坂所用的調味醋推斷，橫井釀造株式會社製造的「琥珀」釀造醋或是齋藤師傅選用的主要調味醋。齋藤的醋飯調味相對其他個人風格突出的壽司店更為內斂，唯有鹹味相對突出些，這樣的調味設計對於淡味或濃味食材都有激發味道的效果，因此與大多數食材搭配起來都不會相剋沖撞。醋飯所用的米來自秋田和長野兩個產地，為幾種陳米混合而成；米飯蒸煮得恰到好處，顆粒感和糊化程度平衡，入口不僵不散又相對粒粒分明，是讓人喜歡的口感。Sushi Saito 的醋飯保持小分量出台，因此可讓米飯全餐都處於人體溫度，不會出現先熱後冷，或忽冷忽熱的狀況。同時，壽司大小相對傳統江戶前而言有所縮小，主廚套餐一般包含六至七個酒餚和 12 個左右的壽司，即便是胃口不大的食客亦不會覺得過分飽腹。

齋藤師傅的醋飯與白身魚以及魷魚類搭配起來頗能體現出食材本身淡雅的味道，因其醋味較淡，鹹味相對突出一些，更襯出白身魚和魷魚類的鮮甜。當用溫度相對高一點的醋飯搭配中腹、大腹或肥美的秋刀魚，則能讓魚料的油脂香氣釋放出來，軟滑的魚肉包裹著顆粒較為分明的醋飯，正好平衡整個壽司的口感。齋藤師傅的竹莢魚和日本對蝦可謂百吃不厭，肥美的竹莢魚和薑蓉蔥末是絕配，現煮現剝的日本對蝦溫熱適口，與溫度較高的醋飯結合更顯出鮮甜來。

與次郎每種食材現切現捏的風格不同，齋藤師傅是將套餐大部分魚料改好刀後才開始捏製的。有人詬病說這樣魚生就會氧化，口感變差，我想大概這些人的嘴巴得是精密儀器才能洞察入微至此。試問一個溫度相對恆定，又無強風猛吹的室內環境裡，短短十幾二十分鐘魚料如何會顯著氧化呢？

很多時候板前餐廳的烹飪形式與出品實質是分離的，因為板前存在明顯的表演性，主廚採用的一些操作形式對食客心裡可產生顯著影響，從而令食客主觀上產生偏離實際效果的優劣判斷。舉例而言，譬如食材產地，食客無從確定主廚所說為真，但聽到著名產地就會主觀認為食材味道更好，此類現象比比皆是。當然我並不是說一件件現切現捏對於壽司出品效果沒有裨益，只是說現切與提前改刀一部分食材，在成品結果上的區別並非人體感官可精確辨別出來的。

在主廚發板流行起來之前，客人到壽司店都是點單，彼時自然現切現捏，因為主廚不會提前知道客人下一貫想吃什麼。當然從其他方面考慮，提前改刀還考慮了餐廳動線的流暢性，以八個人的吧枱為例，如果每一貫都現切現捏，間隔時間將過久，也很難在兩個小時內完成一輪服務。我個人不認為提前改刀是 Sushi Saito 的缺點，這只是一種服務動線安排而已。

齋藤大將在酒餚的處理上也以食材原味為核心，不做過度料理，時常出現的海膽品嘗環節即是一範例。有人會覺得直接拿出海膽來給客人品嘗多麼偷懶啊，其實並非如此。首先需要

上｜墨烏賊

下｜大腹

明確壽司店與和食店的界限，如今不少壽司店的酒餚開始和食化，我並不贊成這一做法。壽司店的酒餚應突出海洋物產的原味，不應沉迷於過度複雜的料理，因為配酒菜如果過分複雜，本質上就不適合配酒了。其次幾種不同產地或品種的海膽對比品嘗，就如按垂直年份或橫向產地品酒一般，可以令平日裡單獨品嘗時覺得雲裡霧裡的感受在對比中強化，最終明確感受到不同產地的海膽特點，是一種感受風土的好方法。

最經典的酒蒸鮑魚和柔煮章魚雖然隨處可見，但齋藤大將把這兩道菜做得出神入化，每次都保持在很高水準之上。將出品方差控制在極低水平上，是齋藤師傅又一個令人佩服的地方。在這裡每一次拜訪都是水準非常一致，絕不會出現今日極佳明日極失望的情況。

有食客抱怨 Sushi Saito 的酒餚無甚新意，除了隨著季節輪轉，並無太多創新。我認為一方面這是齋藤師傅出於保持出品高標準的考慮，新菜品需要反覆測試才能呈現給食客；另一方面這也是他謹守壽司店與和食店界限的體現。而且疫情後重返 Sushi Saito 我已經品嘗到了好幾道新菜，顯然轉為完全熟客制後，齋藤大將開始放手創製新菜，某種程度上穩定的食客圈可以促進主廚的創新，因為他對食客的理解力和接受度都有了更全面清晰的認知。

最近幾次拜訪吃到了幾道之前未品嘗過的酒餚，比如用出汁將泥斑魚（九絵）涮到僅熟，再放入混有大量芽蔥碎的酸汁中，鮮嫩美味，酸汁又極開胃。再比如酒蒸鮑魚除了簡單搭配肝醬的做法外，還有切片後放入鮮美的鮑魚原湯中的做法，最

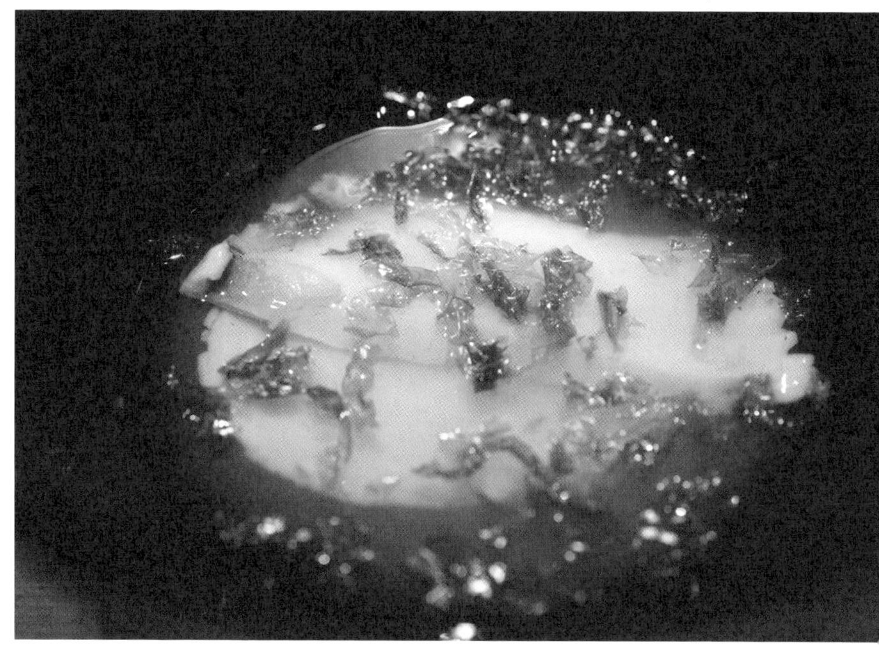

上｜竹莢魚

下｜酒蒸鮑魚、鮑魚湯及海苔

後撒上有點睛之效的海苔碎，鮮到令我每次連湯都喝光。

好的酒餚我認為應該以配酒為出發點，Sushi Saito 的酒餚完全符合這一要求。畢竟你仔細看暖簾上的「鮨さいとう」就會發現，「鮨」字的魚和旨中間有個「酉」，即指酒也，齋藤師傅對酒的喜愛溢於言表。這裡不僅有豐富且難尋的日本酒品類，還有大量葡萄酒可供選擇，其中香檳的品類非常豐富，因為這是齋藤大將最愛的酒類。我在此處開過不少舊年份的香檳，至今為止每一款都狀態良好，可見齋藤師傅對於酒品保存和選購都有心得，食客大可放心開酒。我個人在吃酒餚時喜歡搭配清酒，但壽司環節則認為香檳更為合適，因優秀香檳具有複雜的酸度和香氣，與壽司十分搭配。

如前文所述，就算是副廚的吧枱也是一位難求，從那裡陸陸續續走出了幾個頗有名氣的年輕師傅，如遠赴紐約的宇井野詩音、曾任 Saito 香港分店主廚的小林郁哉（目前為東京 3110NZ by LDH Kitchen 的主廚）、香港店現任主廚久保田雅，以及新近獨立的橋場俊治等。在培養學徒和商業運轉方面，齋藤師傅也有相當的天才和投入，令齋藤風格的壽司逐漸成為流行國際市場的主流，平易近人的特質是 Sushi Saito 可以將品牌遠播海外的重要基礎。

但平易近人的風格對於一家預約極其困難的餐廳而言是一柄雙刃劍。因為當食客歷盡千難萬險，跨越大山大海來到 Sushi Saito 時，心中的期望值被打到極高，他們期待的也許是一次驚為天人、永生難忘的用餐體驗，但顯然這不符合齋藤的料理理念。他在接受米其林指南的採訪時提到：「說實在，我不認為壽司料理是那種予人驚喜，讓你會 wow 的料理，它真的不是。因為壽司它的依據是季節，要在這樣的限制下作出壽司的表達有一定的難度。比方說，一種魚在春夏秋冬四季的味道大不相同，壽司師傅必須花心思，思索出最合適的方法處理食材。」這也是我佩服和喜愛齋藤師傅壽司的重點所在，即在平凡中積累，逐漸走向偉大，而在抵達偉大目標時，依然沒有丟失平凡的初衷，他的壽司仍然如此美味溫婉平易近人，令每個食客都可輕鬆愉悅地欣賞。

在 Sushi Saito 用餐十分輕鬆，一進門齋藤大將便會熱情與每個食客打招呼寒暄，令人瞬間放鬆下來。齋藤大將愛喝酒，酒量又好，客人的敬酒可謂來者不拒。不過不要以為酒喝多了做壽司就隨便了，一到握壽司的環節，齋藤大將瞬間嚴肅起來，整個氣場下沉，專注度完全落到雙手上。從捏製飯糰，到抹山葵，及至握壽司全程沒有一刻鬆懈，他的動作雖快，但節奏感極強，步驟清晰，分毫不亂，透露出真正的大師風範。當壽司擺放在盤上時，食客可以觀察到顯著的下沉感，雖然這不是獨此一家的特點，但可見飯糰外部堅固，內部結構卻留有充分的空隙，令壽司在食客拿起時不至散開，入口後卻可迅速分散並與食材結合。

諸君會發現，每一個功成名就的大師傅捏壽司都有自己獨特的風格，師父可以教基本步驟和要訣，但其中的微妙處需要自己日積月累的練習和思考。畢竟每日米飯和魚生的狀態都會因為氣候產地的變化而不同，如何以不變應萬變，並在細節中精確調節，成為了區分平凡與偉大壽司店的關鍵所在。

上｜看齋藤大將處理食材是一種享受

下｜工作中的齋藤大將

在一次採訪中，齋藤大將回憶，最令自己難忘的客人是雙親，他母親直接在吧枱哭了，父親雖然一言未發，但那種感動是終生難忘的。如此的赤子之心也許是齋藤大將十幾年如一日地堅持下去的精神動力，他本可以將壽司變得更具個人特色，但他將平易近人的特質發揮到了極致，跨越了平凡與偉大的微妙界限，這正是他被視為當代大師的關鍵所在。

關於 Sushi Saito 的回憶都是幸福美好的，在這裡我們可以輕鬆用餐，毫不費力地欣賞每一道菜品和每一貫壽司，並在喜悅之餘發自內心地說一句「好吃！」

註

1 本篇寫作於 2023 年 10 月，基於多次拜訪。

2 以紫菜圍住飯糰，在頂部放置較難捏成型的食材的一種卷壽司，常見的有海膽軍艦、貝柱軍艦和鱒魚籽軍艦等。

野田岩的午餐速寫

野田岩[1]

日本的老舖多，是眾所皆知的；倚老賣老自然無趣，唯有靠穿越時空傳承下來的美味才能征服現世的食客。

我很少一個人旅行。自從之前在雲南經歷了生皮[2]風波後，更是對一個人旅行多了些顧慮。不過日本倒蠻適合一個人去的，只不過對於一個愛吃的人而言，很多高級餐廳不接受一人預訂，實在有些尷尬。關東料理大多沒有這個問題，關西料亭則多數要求二人以上起訂。

然而，東京的五代目野田岩也要求兩位以上起訂，不然就只能到現場碰運氣。雖然對鰻魚飯並無多少執念，但總覺得還是應該去一下。無法訂位便只能臨時去看看有沒有位置咯。

那一日醒來，發現時間已經不早，預約了參觀皇居，若是坐地鐵必然趕不上時間了，於是只好打車。一個上午都在皇居裡跟著一群日本老頭老太太走來走去，導遊全程日語，一句都聽不懂；而英語解說機也不算靈光，迷迷糊糊大致明白了每一部分建築的歷史和職能。

參觀完皇居，便是飯點了。心想明天就是我國國慶假期了，得趕快去把野田岩給吃了，不然大概要排長隊吧？於是鑽進地鐵去了神谷町。谷歌地圖大部分時候都是外出旅行的好幫手，按照導航走了一會兒便見到了仿合掌造（合掌造り，屋頂呈人字形，以茅草覆蓋）樣式的野田岩本店。

門口並未見到有人等位，看來不必久等。進去之後，仲居將我引至別館。據說人數少的話均會被引至別館。有人說別館與本館廚房不同，不知真假。

沿著螺旋木梯上行，二樓方是坐席。我到時，已有兩桌客人在那裡。我便坐在了這兩撥人中間的一張小桌子邊。飯廳不大，皆為木製，牆上貼著一張紙，說明店內野生鰻魚和養殖鰻魚並用。4 至 12 月間據說使用的是野生鰻魚，剩下的時間則只能以養殖鰻魚替代。不過由於仲居英語不太靈光，因此上鰻魚時我也沒有仔細詢問，一大疏漏。

野田岩創業於 18 世紀末，至今已是第五代傳人，持續經營超過 200 年時間。日本的老舖多，是眾所皆知的；倚老賣老自然無趣，唯有靠穿越時空傳承下來的美味才能征服現世的食客。

五代目金本兼次郎年逾古稀，擁有「現代的名工」之榮譽，雖然這個表彰每年授予的人數不少，但也算是厚生勞動省欽點的著名匠人之一了（目前為止各行各業受此榮譽的大概有 4,000 人）。世人皆知的小野二郎亦獲得過這個表彰。

城市傳奇中，野田岩也多有登場，池波正太郎有記，坊間傳聞皇室亦有到訪。但這些傳奇只是增添了我的期待，在揭開重箱之前我可不會對這家餐廳有任何主觀上的評價。

清茶一杯，邊喝邊看了看菜單。雖然是一家鰻魚專門店，但菜品的選擇還算多。同樣的鰻魚菜式，不同的價位代表鰻魚的分量。我一貪心點了個分量偏大的鰻重套餐，事實證明吃到後面有點辛苦。

前菜酢物為一種名為水雲的海草，以及鰻魚魚凍。都是很開胃的菜式，醋物柔順滑溜。鰻魚凍很鮮，頗有些江南魚凍的滋味。

我的右手邊坐著一位老先生跟一個年輕女士，看樣子是一對父女。他們已經在吃鰻重了，兩人興高采烈地聊著天，滿面笑容。老先生吃完鰻重後，滿足地喝了一口魚肝清湯，舒暢地呼了一長口氣，聽得我更加餓了。

仲居收走了我的前菜盤碗，給我加了點茶。默默一個人喝著茶，聽見左邊那桌在說普通話，仔細一聽大概是台灣同胞。忍不住望了一眼，兩個男生，一胖一瘦，正在聊一些日本的餐廳。下一道白燒（志ら焼き）鰻魚也還沒有來，於是便情不自禁地搭訕了起來。聊了幾句，發現胖男生似乎不怎麼想和陌生人聊，於是我便閉嘴繼續等菜了。

白燒鰻魚終於來了，長方形的一段鋪開在紅色器皿中間，底下則仍有保溫措施，仲居提醒我小心燙。

河鰻是我從小便十分熟悉的食材，家鄉產鰻魚，但在我小學時野生鰻魚已較為少見。野生鰻多數還沒長開便被捕獲，因

上｜水雲及鰻魚魚凍

下｜白燒鰻魚

此個頭不大。母親多用蔥薑合蒸，確實鮮美。但我依舊覺得鰻魚帶些許土腥味，因此對於白燒一直有些排斥。

懷著緊張的心情我嘗了一口，發現竟然毫無腥氣，沒有蒲燒汁，配點薄鹽，反倒更好地襯托出了鰻魚的鮮香肥美。但吃到最後自然稍顯肥膩，果然應該點小份。

關東的蒲燒鰻魚處理，慣背開，稍加白烤後，再蒸後烤，翻轉數次，令皮肉間脂肪化解，上醬汁入味，待色香味俱全方可上桌。預製好的鰻魚自然口感大不如溫度處於最佳狀態的現烤鰻魚。美味是急不來的，耐心等待吧。白燒鰻之後是一道鰻魚茶碗蒸。讓漫長的等待不至於太過百無聊賴。

這茶碗蒸竟是我一個套餐裡印象最深的菜品，甚至比蒲燒鰻魚本身更令我喜悅。蛋滑嫩透鮮，裡面的鰻魚碎、白果相得益彰。這在白燒鰻後是對味蕾的一次全方位刺激。也提醒我後面味道濃郁的鰻重就要登場了。

清茶幾口，清清嗓子，迎接即將上枱的鰻重。仲居笑臉吟吟端上黑色重箱，時光的磨蝕在蓋子上一覽無餘，唯打開後，裡面紅艷漆面依舊如新。水汽使得紅底金色的五代目野田岩幾字顯得分外好看。

色澤均勻的蒲燒鰻魚鋪滿了飯面，蒲燒醬汁已經滲入了米飯中。我迫不及待地吃了起來。鰻魚肉質糯軟，毫無腥味；醬汁滲透入裡，十分均勻；鰻魚皮微脆，不焦不乾，脂肪潤透了魚皮，別有一番滋味。

然而，吃到一半依舊覺得有些膩。配些山椒粉，喝點鰻魚肝清湯，再吃點鹹菜，才不至於讓肥膩感破壞鰻重的美味。不

鰻重

過米飯本身則無功無過，不算突出。

野田岩的蒲燒鰻魚，規整雅致，有細膩的味道，然而吃多了還是覺得有些膩。不知道在炎熱的夏季「土用丑日」（日本曆法計算日期的方式，換成西曆一般是在 7 月尾至 8 月初）食用鰻魚是怎麼形成的習俗，夏天本身食欲萎靡，鰻魚飯一定不會是我的首選食物。但商業宣傳的力量有時候竟可如此之大，習俗因之而成。習俗者，既已形成便有其深層次的原因：比如熱氣的肉骨茶流行在濕熱的南洋；炎熱的夏日要吃肥膩濃汁的蒲燒鰻魚……

水物是當造的梨子，太甜了，不喜歡，連忙喝幾口清茶解甜。

我正低著頭喝茶，耳邊聽到有人跟我說拜拜，一抬頭是隔壁那桌台灣同胞買單走人了。相視一笑，互道再見。一個人旅行總有那麼些一期一會，今天在一個餐廳用餐，以後或許永不再見。每一個瞬間都是奇妙的人生際遇。

吃完整個套餐後，我坐著喝了會茶，順便把一些照片傳到了手機上。稍事休息後，買單走人，下午打算去逛逛神保町一帶。

想到任性的金本兼次郎老爺子在巴黎也開了一家分店，而鰻魚用的則是荷蘭的野生貨，不知道在萬里之遙的歐陸吃這一盒鰻重是什麼感覺呢？下次有緣的話，我打算去試試。

註

1 本篇寫作於 2016 年 5 月 29-31 日，修訂於 2023 年 6 月。

2 生皮為雲南白族的一種傳統食物，其以燒烤過的半生豬皮入饌，配以多種香料調味而成的蘸水。

正是河豚欲上時

ふぐ福治[1]

吃野生河豚其實是將自己的性命託付給素味平生的廚師，吃時不覺得，吃完後卻覺得這是一場信任的遊戲。

蘇軾的《惠崇春江晚景》寫的是初春景色，所謂「蔞蒿滿地蘆芽短，正是河豚欲上時」，說的是春日河豚開始逆流而上，回江河中產卵。而我這標題裡，說的是初冬，河豚正好上餐桌的時候。雖然都用「上」字，其意迥異，畢竟我小時候背這首詩時，經常把最後一句理解為「正是吃河豚的好時候啊」……

11 月底去東京待了幾天，暫時逃離了香港的暖冬。抵達東京那天正是初雪之日，去酒店的路上，只見路邊仍有積雪，天色暗沉，寒風凜凜，真有一種久違的冬日之感。這樣的日子，是吃河豚火鍋和雜炊的好時候，試想穿過冷風進得餐館，吃上熱騰騰的河豚火鍋和雜炊，多麼愜意。

河豚或河魨，都是通用的名字。大多數四齒魨科以及箱魨科的河豚皆體含毒素，分佈於血液和內臟中（部分種類河豚的皮膚亦有毒素）。雖河豚有毒，但其味道鮮美，早在蘇軾之前，古人便知道河豚的美味。西晉左思的《三都賦》中有「王鮪鯸鮐」之句，王鮪與鯸鮐皆為魚名，鯸鮐便是河豚。

當然先人也早就意識到了它的毒性。沈括在《夢溪筆談》中提到了河豚的劇毒。但奈何其鮮美異常，口感獨特，自古便是長江三鮮之一。隨著實踐經驗的積累，人類摸清了河豚毒素的分佈，除去血液肝臟，合理切剖，便基本不會有中毒危險。

江浙一帶有食用河豚的傳統，但法律上講，河豚因其毒性，已被禁止 20 多年。但河豚毒素乃其體內的共生細菌產生，並非先天具有；因此人工養殖河豚時可避免其攝入帶有此類弧菌的食物，這一養殖技術目前已相當成熟，因此食用養殖河豚基本無風險。

不過明文禁令在此，大部分同胞對河豚都倍感陌生。欲要品嘗野生河豚的美味，目前的最佳選擇依舊是去日本。日本政府對處理河豚的廚師有嚴格的要求，並頒發相應證書。然而常在河邊走哪有不濕鞋？即便如東京ふぐ福治（Fugu Fukuji）這樣創業 40 餘年的名店，也鬧出過不小的中毒風波。

2011 年 11 月 10 日，前宮崎縣知事與女性友人到福治就餐。他們要求餐廳提供河豚肝，雖然法律禁止，但老闆矢菅健（1949- ）依舊為他們準備了河豚肝。事後該女性友人出現嘴唇麻痹及頭疼的症狀，幸得及時就醫，並無大礙。

日本厚生省在 1983 年便明令禁止河豚肝的售賣，在這之前部分地區已經禁止售賣河豚肝。福治為熟客提供河豚肝無疑是明知故犯，而且當年它頂著米其林二星光環，又是 Tabelog 上排名非常靠前的高分餐廳，可謂是重大公關危機。事發後，矢菅健被吊銷河豚料理執照，餐廳被勒令停業整頓。不過當年晚些時候發佈的 2012 年東京米其林指南，依舊給予福治二星。畢竟是否違反法律與餐廳烹飪水準並沒有直接關係（突然想到之前無照經營的上海某米其林一星法餐廳……）。

不過矢菅健的女兒矢菅麻里子亦擁有河豚料理資格，稍作整頓後，福治繼續正常經營。

說起河豚肝禁令，不得不說一件日本文藝界掌故。1975 年 1 月 16 日，歌舞伎「人間國寶」八代目坂東三津五郎（1906-1975）在京都某餐廳點了四份河豚肝，當晚回酒店後毒發，七小時後不治身亡（河豚毒素目前依舊沒有針對性解藥，只能維持中毒者呼吸和心跳，直到毒素自行排出體外為止）。實在是人生如戲，捨命嘗此美味。這一事件也間接促成了日本政府全面禁止售賣河豚肝。

雖則說了這許多河豚的可怕之處，但它的美味確實令人無法抗拒。尤其是野生河豚，更是我非常喜歡的食材。可惜內地與香港都對野生河豚的售賣管制嚴格，因此到了冬日初春便要跑去扶桑吃河豚。河豚一年四季皆可食用，選擇冬季是為了食用狀態最佳的河豚白子。於是預訂了話題滿滿的福治，不過我是不會要求店主提供河豚肝的……

福治位於銀座的一條小巷子裡，在一棟不起眼的叫做幸田大廈（幸田ビル）的小樓的三樓。門口放著白底黑字的燈箱，開門見山說明他們的河豚是直送自豐後水道的。燈箱上則是簡略的菜單，明碼標價，好讓食客知道野生河豚不是便宜的東西……

店家引以為豪的河豚產地乃是豐後水道，這是條位於九州大分縣與四國愛媛縣之間的海峽（最窄處稱為豐予海峽，僅14公里寬）。店主矢菅健認為，這一區域捕獲的野生虎河豚（紅鰭東方魨，日本國內可售賣的17種河豚中公認最美味的）質量最佳，因此福治所用虎河豚皆產自這一水域。

其實豐後水道的西北方向有連接九州和本州的關門海峽，這一水域也是日本重要的河豚產區。關門海峽北岸乃下關市（即《馬關條約》簽訂處赤馬關），乃是日本河豚與鮟鱇魚捕獲量最大的地區。下關市的南風泊市場是日本最大的河豚交易市場。那裡更有著名的河豚料理旅館春帆樓，此地為喪權辱國的《馬關條約》之簽署地。

在趕去吃飯的路上，因為坐錯地鐵線遲到了15分鐘，不過提前與餐廳打了招呼，女將雖然英語一般，但甚為熱情周到。到達後急匆匆上了三樓，在吧枱坐定，喘了口氣，觀望了一下周圍。

福治的店面並不大，除了吧枱的五個位置外，便是一兩張桌子，幾個卡座和若干和室了。7點多店裡已經很熱鬧，洋溢著歡聲笑語，完全不似一些其他餐廳般拘束。熱毛巾剛擦完手，我便想好要點什麼了。

福治除了單點之外，有「松」、「竹」兩個套餐，區別便是竹套餐沒有炸河豚（ふぐ唐揚），於是點了松套餐。不過套餐並不包括時令的河豚白子，於是單點了一份烤白子（白子燒），價格是可怕的「時價」，後來發現確實不便宜。由於酒精過敏加獨自拜訪，便沒有點河豚魚鰭酒，以後總還有機會的。

等待前菜的時候觀察了一下吧枱內忙碌著切菜裝盤的兩個師傅，一個年老一個年輕，心想哪個是大將呢，後來想起來大將當年被撤銷了河豚料理許可，想必不能再做板前了吧？事實證明大將現在主要負責外場，幫客人涮河豚以及聊天之類的。

前菜是鹽烤日本對蝦和河豚魚皮凍。剛烤好的對蝦鮮嫩多汁，反倒比魚皮凍來得惹味。

之後便是河豚刺身了。除了魚肉外，還有三層河豚皮，從外面吃到裡面，口感各有不同。三層河豚皮，最外層透明如玻璃，口感最韌，從外往裡依次變得鬆軟一些，但魚皮的勁道自然是在的。

河豚肉刺身通常薄切，福治的刺身便切得薄如蟬翼；但也有認為切厚一點更能體會河豚口感的店家。刺身的擺盤也有講究，常見的是從中心輻射開去的菊花造型；精細點的會擺成仙鶴形狀。但我因一人食用，分量不足以擺成完整的菊花，便成了這殘菊造型。

河豚刺身片好後，需要靜置一夜，等待其軟化，口感和味道才得以達到最佳。若問河豚是什麼味道，其實是很難形容的。北大路魯山人（1883-1959）認為河豚的味道乃是「無味之味」，這是很多高檔食材的共同點，如魚翅燕窩等。

但不蘸酸汁品嘗河豚卻可發現，其實是有極淡雅的鮮味的。酸汁蘸得太濃，細蔥捲得太多，反而導致河豚成了味道的

上｜河豚魚皮凍

下｜河豚刺身

載體，其自身的鮮味便被遮蓋了，剩下的便是極富嚼勁的口感和調味料共同作用產生的鮮味。河豚魚肉的口感總讓我覺得像田雞，嫩而不散，勁而不死，很有彈性。嚼多了覺得有些累，但許久不吃又頗懷念。

一個人吃飯是極快的，所有的品嘗和思考都在非常專心的狀態下進行。不需要與人交談，也不需要察言觀色，一人盡情投入美食的世界中。沒過一會兒，我便吃完了刺身。隨後上來的是烤白子，碩大一個放在盤子上。

這河豚白子比我之前吃過的都大（之前秋天去大阪的河豚名店多古安，沒趕上白子的季節），去福治那天中午我在深町吃了炸河豚白子，那邊兩份白子合起來才比得上這一份。

一口咬下去，有點燙嘴。但那種柔滑稠密的口感，淡淡的鮮味和高溫帶出的蛋白質香氣，確實令人印象深刻。河豚的白子是其身體內毒素含量最低的器官，有趣是卵巢則是最毒的器官，雌雄走了兩個極端。然而石川縣有鄉土料理河豚卵巢糠漬（河豚の卵巣の糠漬け），用兩年以上時間等河豚毒素分解散盡……即便沒有毒素，白子依舊是容易踩雷的食材，如果去到不好的店，很有可能又腥又僵，變成一場噩夢。

炸河豚的處理方式當然不同於天婦羅，上漿與炸製都是不同的方法。福治的炸河豚麵漿較厚，但經過深炸後，比較脆，也不油膩。河豚肉則在麵漿隔絕下保持了鮮嫩多汁。

兩大塊炸河豚之後便是河豚火鍋（ふぐちり）了。小陶鍋已經在火上了，這最襯冬日的料理近在眼前。這時一位老先生走了過來，用英語問我從哪裡來。定睛一看這不是大將矢管健

上｜河豚白子

下｜炸河豚

師傅嗎⋯⋯當我說我住在香港時，他興奮地拿出了與周潤發的合影以及杜琪峯的簽名書，還跟我聊起了來過這裡的香港明星。看來大將確實是轉型做外場了，不過我其實從不關心有什麼名人去過一家餐廳，畢竟香港每家難吃的茶餐廳都可以拿出一堆明星照片⋯⋯

聊了一會兒，鍋內的高湯沸了，可以煮河豚吃了。河豚跟著蔥段和蔬菜放進鍋裡，沒過一會兒便可食用了。蘸料還是簡單的細蔥酸汁，口味其實有點重，蘸多了容易完全奪去河豚的味道。連著吃了幾輪河豚肉，最後吃點豆腐和茼蒿，喝完河豚湯，真是全身上下都暖洋洋的。

由於前兩天都是一日三頓正餐的安排，因此這次去東京幾乎沒有餓過，吃完河豚火鍋，肚子已經很撐了。可後面還有雜炊呢。福治的米用得很好，顆粒飽滿，香甜可口，在河豚湯中略微烹煮後混著雞蛋，澆上酸汁，即便是飽腹時也可吃上一兩碗。不過他家的鹹菜（香の物）卻醃漬得一般，不甚開胃。

吃了兩碗雜炊後，大將說鍋裡還有，還吃得下嗎？我連忙說夠了，實在吃不下了，不然晚上可睡不著了⋯⋯最後的水果是蜜瓜與柿子，據說福治的蜜瓜挑選得非常好，確實不錯，不過感覺甜品還是簡陋了點。

今年 Tabelog 調整計分細則後，很多名店的分數和排名都發生了顯著的變化。原先排在河豚餐廳榜首的福治落到了第三，分數也從全國前 50 跌了出去。而且河豚肝事件後雖然米其林繼續給福治二星評定，但後來則摘了它的星，並移出了指南。

不過從實際體驗而言，福治的河豚自然是美味的。環境雖

河豚火鍋

嘈雜了些，但服務則有家庭餐廳特有的人情味。另外大將似乎外場也做得不亦樂乎……若下次又是河豚季節去東京，我想福治依舊是我的幾個選擇之一。

出餐廳時發現 9 點不到，這頓飯吃得十分輕鬆愉快，既不用正襟危坐，也不會無聊得不知如何消磨菜間時光。而且睡覺前還有足夠時間消化，我打算散會步再回酒店。其實野生河豚雖然需有執照方可料理，但凡事皆有萬一。吃野生河豚其實是將自己的性命託付給素昧平生的廚師，吃時不覺得，吃完後卻覺得這是一場信任的遊戲。這更為吃野生河豚添了一份獨特的儀式感。

註

1 本篇寫作於 2016 年 12 月 11-20 日，寫作前拜訪於 2016 年 11 月；修訂於 2023 年 6 月。

兩京之間的西班牙風情

Acá 1° [1]

東鐵雄師傅堅信立足於食材和傳統烹飪手法的料理是足可以打動人的，減法思維是他料理時非常顯著的一個特點。

疫情前最後一次拜訪京都著名西班牙餐廳 Acá 1° 時，便聽主廚東鐵雄師傅說，明年（2020 年）準備搬去東京了。我心想，這倒也好，畢竟我每年去東京次數最多；來京都時間有限，還有許多寺廟古蹟想看，常覺得吃飯耽誤了太多時間。

沒想到疫情突襲，整整三年莫說出國，國內旅行都成困難。我在社交媒體上看著東師傅更新東京店的施工進展，眼看那一片毛坯房般的工地漸次變成他理想中的餐廳模樣，又看到人來人往許多新客故友都光顧了新址，我卻只能在那裡乾著急。去年港日一傳出開關消息，我便決定 11 月赴日旅行。

早在疫情前，Acá 1° 已是預約困難的名店了，如今搬去東京想必更難預約了。三年不去不知主廚是否還記得我，於是斗膽發了條信息詢問，沒想到東師傅依然記得香港來的徐先生，詢問了我赴日日期後，他幫我見縫插針地安排了一個位置。

Acá 是西班牙語「此處」的意思，這一用法在西班牙已不常見，屬於比較古早的詞彙，但在拉丁美洲西班牙語中則較常用到。除此之外，Acá 的發音對應日語裡的「紅色」（赤／アカ），既呼應了西班牙國旗中的紅條，亦透露出西班牙文化的熱情氛圍感。至於 1°，則絕非溫度的意思，在西班牙語裡這表示二樓，以前京都店位於二樓，故此得名。其實搬去東京後，店名中的「1°」已不適用——東京店是地舖，已無須再強調「二樓」這一含義了。因此我們姑且用 Acá 稱呼之。

重回 Acá 是在一個深秋夜，秋分早過，東京不到 5 點便已日落。酒店離餐廳不遠，我提前 20 多分鐘出門，從酒店信步走去。11 月的東京尚不算寒冷，走在路上迎著溫和的晚風十分愜意。Acá 的新址位於三越前，在東京文華東方酒店旁，離日本銀行也十分近。此處是當年德川幕府最早開發的區域之一，也是東京現代化的先行區域，保留有大量西洋風格建築，走在其中恍惚以為到了歐洲。拐過文華東方酒店所在大樓，便可見一磚牆鐵門建築，一方小招牌上寫著新設計的店名，此處便是 Acá 的東京新址了，氣質與京都時期全然不同了。

京都時期的 Acá 位於錦市場附近的桝[2]屋町中的一座小樓之二樓，小樓已不顯眼，還要爬一段樓梯才到 Acá。樓下的指示牌中有 Acá 的店招牌，紅白配色的美工字體，毫無稜角，與搬去東京後淩厲的店名字體形成顯著對比，似乎也透露出主廚心態和料理狀態的變化。不過京都 Acá 當年那道木質門被原樣搬到了東京店，那熟悉的金色馬頭鋪首和黑鐵門把手給人親切感，此門如同時光穿梭機一般，一開門便把食客帶回到了那熟悉的用餐氛圍中。

進入用餐區域後，我與久違的東鐵雄主廚打了個招呼，三年多不見，他狀態越發好了，全然看不出是 1978 年生人，真是紅氣養人啊！東京店的主吧枱以紅黑兩色為主調，間雜磚牆石灰的原色，顯得優雅靜謐。據說東鐵雄師傅除了烹飪之外，也十分熱愛設計款傢私收藏，店中座椅都是他親自把關選購的。用餐區域的整體風格與京都時期相比有了質的飛躍，想當年我們去 Acá 都是為了一嘗主廚的美味西班牙料理，那小小餐廳的環境與其烹飪相比，實在有些簡陋。如今除了料理本身外，還有一整套用餐環境、氛圍和儀式感可享用，用餐體驗可謂全面提升，這也是 Acá 在東京進化的體現。當然有食客會認為簡陋環境中的美味料理才更有強烈的對比，從而增加一個餐廳氣質的反差性。從另一個角度來看，也會有食客認為裝修精美的餐廳將更多成本放在食物之外的因素上，從而降低了食材成本。但我認為這樣的擔憂並不適用於真正優秀的餐廳，料理風格與用餐環境和氛圍若能實現較好的一體性，是可以極大提升食客的用餐滿足感的。

入座後，先喝杯熱茶暖暖身子，卸下一天的疲憊，準備好細細品嘗東鐵雄主廚的美味料理了。插句題外話，酒單現如今

京都時期的 Acá 1° 招牌

也比京都時期豐富得多，西班牙酒自然不用說，法國酒的品類也十分豐富。

第一道是燻烤的迷路鰹魚（迷い鰹）配上雪莉醋（vinagre de Jerez）和紅鳳菜（金時草）。魚皮烤得酥脆，魚肉緊實且有清麗的酸味，尾韻又充滿鮮味，而雪莉醋是點睛之筆，不然這道菜的西班牙風情便無從提起了。所謂迷路鰹魚即原本隨著日本暖流（又稱黑潮，因其海水顏色較正常海水深而得名）北上的一部分鰹魚，迷失方向進入對馬海峽，繼而北上島根、佐渡等地，最後在富山灣洄遊時被捕撈。由於脫離暖流進入了水溫較低的海域，從而這部分鰹魚的肉質更為緊實，風味更濃郁，在壽司店屬於高級食材。

單靠這道菜便可體會主廚的烹飪理念，即用西班牙的烹飪手法結合日本本土的食材，在風土的體現上並不以進口食材為展現途徑，而只用西班牙的烹飪理念和技法，這是體用之分。後面的菜更好地體現了這一理念，第二道是經典的小肌西班牙三明治（Bocadillo）。傳統的西班牙三明治是用略烤製過的棍狀麵包夾各類食材，一般會塗上番茄醬、橄欖油或蛋黃醬。Acá 的版本則變成開放三明治的形態，底部為一片紫蘇葉，上置一塊烘烤過的番茄麵包；麵包之上則是醋漬過的小肌魚，配以一些橄欖油。小肌魚在鹽和醋漬過之後有一種特殊的香氣，口感和味道上令人想起西班牙小份菜（tapas）中常用的鹽漬鯷魚，頗有異曲同工之妙。這道菜是我第一次去 Acá 時印象非常深刻的一味，亦是理解東鐵雄主廚烹飪理念的關鍵菜品。

對於第一次拜訪 Acá 的客人而言，這兩道菜已經頗可展現主廚的料理理念了。不過在進一步討論東鐵雄師傅的烹飪理念前，不如稍微瞭解下他的職業生涯。

東鐵雄師傅並不是科班出身，25 歲前他從未考慮過投身餐飲業，與餐飲的唯一接觸不過是為了積攢出國的學費而在京都中央批發市場打工而已；而且彼時一些去市場進貨的主廚態度十分不友善，令東鐵雄心裡嘀咕道「我才不要做廚師呢」。高中畢業後，他赴加拿大求學。然而他 22 歲時，患癌多年的母親病逝，迫於經濟壓力他不得不回國工作。一開始他在一個親戚開的汽車公司做銷售，但他總覺得人生缺失了什麼，售賣他人製造的商品令他缺乏自我認同感。

有趣的是，每日工作之餘他會給自己煮飯，在這個過程中

上｜燻烤迷路鰹魚

下｜小肌西班牙三明治

反而收穫了不少樂趣，這令他開始重新思考職業方向。25 歲那年的冬天，東師傅辭去了銷售工作，正式進入京都一家名為 La Masa（スペイン海鮮料理 ラ マーサ）的西班牙餐廳工作。由於員工退休等原因，餐廳人手缺乏，東師傅一加入便獲主廚木下清孝的重用，第一年主廚就帶他去西班牙考察，第二年已讓他擔任集團內另一家餐廳的經理。

至於為何一開始選擇西班牙餐廳作為職業的起點，東師傅則未細說，不過木下主廚是他高中時在京都中央批發市場兼職時便已認識的，或許進入西班牙餐廳只是機緣巧合。21 世紀初的日本正經歷一波西班牙小份菜餐吧熱潮，許多兼營小份菜和酒水的餐吧紛紛開業，但其中製作的西班牙菜既不純正，更不高級，走的完全是休閒路線。東師傅開始思考西班牙菜在日本的發展前途，熱潮過後，留下些不倫不類上不了台面的所謂西班牙餐吧，對於正宗西班牙飲食文化在日本的傳播是有百害而無一利的。同時他從日本的主廚菜單（御任せ）文化中獲得靈感，開設一家不提供單點，只提供一套主廚菜單的高級西班牙菜的想法開始在他腦海中成型。但顯然他無法在 La Masa 實現這一心願，修業九年後，他毅然辭職並前往西班牙學習。不過不會西班牙語且資金有限，東主廚在那裡遇到了極大的困難，幸好有在地的日本同胞相助，介紹他進入了聖塞瓦斯蒂安（San Sebastián）一家名為 Mirador de Ulía 的餐廳工作。

當年西班牙的鬥牛犬餐廳（El Bulli）在全球掀起了一股分子料理浪潮，西班牙是料理先鋒實驗室。Mirador de Ulía 也以分子料理聞名，但東鐵雄在其中工作一段時間後便意識到這不是自己想做的西班牙菜。相比外表美觀、視覺味覺效果獨特的分子料理，他更想烹製食客會時常想念的樸實料理。比如著名的燒烤餐廳 Asador Etxebarri 便是這種讓人想反覆回去的餐廳。於是在剩下的日子裡他拜訪各類當地傳統餐館，去理解他們是如何運用當地食材去烹飪經久不衰、受人歡迎的當地美食的。在充分吸收了當地飲食文化養分後，東鐵雄於 2013 年 11 月 30 日在京都開設了 Acá。

飲食風尚也是三十年河東三十年河西，當年分子料理大行其道，如今看來卻是做了無謂的加法，這與當今流行的烹飪減法理念是背道而馳的。當然在對食材的研究和改造中，可以發現新的烹飪手法和味覺呈現路徑，但當菜品的加工複雜度過高，最終呈現效果脫離食材本味太遠時，餐廳很難反覆吸引食客回訪。這樣的餐廳往往是目的地型餐廳，菜品和菜單的更新速度受制於研發速度，它們往往無法維持較高頻率的菜單更迭。

Acá 的理念從一開始便是立足於傳統在地西班牙料理手法，但在食材選擇上則體現日本的風物。西班牙巴斯克地區（País Vasco）有比斯開灣（Golfo de Vizcaya）提供豐富的海產品，日本自身也有豐富的海洋資源，如何用西班牙的手法去體現日本風物，又如何用日本食材去表達西班牙烹飪的核心理念，是兩個東鐵雄主廚需要思考和解決的重大議題。做不到第一點，就會脫離日本本土，成為無根之木；做不到第二點，就會成為「洋涇浜西班牙菜」，本質上成為披著西班牙菜外皮的創意日本菜而已。而這兩點其實是相輔相成，無法獨立實現的。

前面提到的兩道菜已經很好解決了第一點議題，再舉一道典型菜式——油炸香魚配曼切戈奶酪（queso manchego）。香魚是非常典型的日本食材，西班牙並無此魚；日本料理中亦有油炸香魚的處理手法，但這道菜的原型是西班牙極為常見的安達盧西亞油炸餅（Andalucía fritter）。油炸餅一般由混著蝦肉和蔬菜碎的麵糊炸製而成，常見形狀是圓形，製作方法類似江浙滬一帶的油燈果（或稱油墩子；油燈果無海鮮，一般為蘿蔔絲和小蔥碎）。但 Acá 的版本是原條香魚包裹在粗粒小麥粉中深炸，再配以雪莉醋及大量刨成絲的曼切戈奶酪。雖然香魚是完全的日本風物，但入口的味覺體驗與日本料理餐廳的炸香魚大相徑庭。麵糊製造的酥脆和包裹感、雪莉醋獨特的香氣和酸味，以及奶酪的濃郁香氣共同營造了一種強烈的西班牙風情。但菜品本身又明確展現了日本的風物，食客既體驗到了西班牙料理的底蘊，又清晰知道自己是在日本。

同樣妙用香魚的還有一個菜，雖然也是深炸做法，但調味上以山椒嫩葉（木の芽）提香，以雪莉醋提味，再搭配黄瓜絲和大蔥絲，包裹在烤製過的薄餅裡。表皮酥脆、內部多汁軟嫩的香魚在微微酸甜的調味中顯出一種北京烤鴨的味道，令人大呼有趣，就連東師傅都說這道菜確實有種吃北京烤鴨卷餅的感覺！全然不相關的食材和配料組合卻可有異曲同工之妙，真有點「天涯若比鄰」之感了。

Acá 可以實踐以西班牙手法表現日本風物這一烹飪理念，還得益於一批理念契合的供貨商。比如為其提供橄欖油的岡山縣 EVER GREEN 農場即是一例。農場主武越民是東鐵雄主廚的老友，他與負責橄欖種植的農民西山利之緊密合作，不僅在

上｜炸香魚配曼切戈奶酪

下｜西班牙薄餅包油炸香魚

日本生產出了符合西班牙風味的橄欖油，還改良了橄欖的種植方法。一種假說認為，橄欖油中的苦味可能是由草酸造成的，橄欖樹在吸收養分轉換為氨基酸的過程中會產生草酸，為了降低橄欖的草酸含量，他增加了土壤中可將養分轉換為氨基酸的真菌群，從而讓橄欖樹跳過這一步驟，減少草酸的產生。雖然這一假說未得完全證實，但實際結果而言 EVER GREEN 農場生產的皮夸爾橄欖（Picual，一種西班牙的橄欖培育種）更大、味道亦更濃郁，從中壓榨出的橄欖油亦風味十足。

橄欖油在 Acá 的許多菜式中都有運用，而最突出其存在意義的便是羊奶冰淇淋配橄欖油這道甜品。羊奶冰淇淋雖然香味濃郁但味道純粹而單一，主要是奶香和甜味，相比其他混合調味的菜式更能突出橄欖油的清香和豐腴。在多數菜式裡橄欖油只是輔料，甚至連配角都算不上，但在這道甜品裡它是絕對的主角之一。

在日本經營餐廳自然唾手可得日本食材，解決第一個議題似乎並不難。難點其實在解決第二點議題上，日本的很多外國料理餐廳都給人濃重的融合感，無論是呈現還是味覺體驗都已遠離實際的料理品類，成為了日本人臆想的外國菜，比如中華料理便是其中的重災區。如何維持料理核心體驗的純正，而又融合本土風物，其實是一個很容易把握失衡的議題。東鐵雄主廚對此有兩個重要體現手法，一是原木炭火料理手法的運用；二是雷打不動的西班牙大鍋飯（paella）主菜環節。

燒烤是西班牙料理中運用十分廣泛的烹飪手法，而日本也向有燒烤的傳統。不過西班牙的燒烤以原木為特色，日本則多

羊奶冰淇淋、橄欖油及開心果

以備長炭烤製。Acá 將兩者進行了結合，根據食材特性選擇具體的燒烤方式。比如熟成一週的金目鯛用備長炭烤製後搭配以朝鮮薊蓉，簡化料理手法，凸顯出食材的本味。

但在處理牛肉時，則以原木燒烤為主。作為主菜登場的和牛是雷打不動的，一般在進行到第二第三道菜時，服務員便會搬出當天準備的和牛供食客挑選。在京都時常有三種牛肉可供挑選，如果客人胃口大，也可三種都體驗。搬至東京後則一般只提供兩種選擇，主要是部位差異，一般是牛裡脊肉（fillet）或後腰脊肉（sirloin）。

目前 Acá 的牛肉供貨商是書埜哲也，據說他會定期拜訪合

牛肉選擇環節

作的牛農以確保牛隻的生長狀態符合他的供貨要求，而且他會定期拜訪餐廳品嘗菜式，以更好地理解不同主廚的肉品需求。如前文所說，Acá 的牛肉多數是原木燒烤，如果太瘦則會偏乾，如果太肥則口感不佳，因此選用的牛肉都來自霜降適中、脂肪含量合理的牛隻。

Acá 的牛肉主菜向來十分簡單，全靠肉的品質和精確的烤製取勝，配菜和配醬都極為克制，多數時候配醬僅有一點牛肉汁、少許發酵黑胡椒，配菜則根據時令選擇一些菜蔬，比如花山椒、舞茸或嫩洋蔥等。乍一看這牛排分量不小，但一入口就知道並不會有 A5 和牛常有的肥膩感。東主廚選擇的牛肉肥瘦適中，經過原木烤製後，脂香濃郁，肉味濃縮，入口軟嫩不膩，有時候兩個部位都品嘗也不會覺得飽腹油膩。

西班牙大鍋飯（Paella）的詞根來源於拉丁語的 patella，乃「鍋」的意思，而 paella 即是用這種平底大鍋烹製的燉飯。這一道著名的米飯料理起源於西班牙第三大城市巴倫西亞（Valencia），傳統上是以兔肉一起烹製的，因此翻譯為「西班牙海鮮飯」是完全錯誤的，既歪曲了最原始的配料品類，又無視了 paella 的詞源。現如今西班牙大鍋飯早已發展成各色各樣，不僅有傳統的兔肉，自然還有聞名遐邇的海鮮版本，還有香腸、雞肉、鴨肉、小龍蝦等等不同版本。東鐵雄在籌備 Acá 時認為，菜單中需要有一道標誌性的菜式可以讓食客明確清晰地感受到西班牙風情，無疑西班牙大鍋飯是最佳選擇了。

這道菜亦完美體現了 Acá 的體用結合理念。在 Acá 可以品嘗到豐富多彩的西班牙大鍋飯，而搭配的食材無一不是獨具日本特色的。從帶魚（太刀魚）到秋刀魚、從日本黑鮑魚到熒光魷魚、從魚翅到松葉蟹，從梭子蟹（渡り蟹）到赤鯥（喉黒）。烹飪手法上是全然西班牙式的，但食材選擇上則隨著日本四季物產的轉換而變，體現的是日本自身的「旬」，而非西班牙地中海氣候下的氣候轉換。日本是一個四季分明的國家，因此東鐵雄將大鍋飯作為了展現季節食材的重要工具。無論是具有戲劇感的呈現方式，還是食材搭配上強烈的時令特性，都令食客可以清晰感知四季的輪轉。

相較於傳統的西班牙大鍋飯，Acá 的版本簡化了配菜的種類，突出了主材、米飯和高湯三個不可或缺的元素，亦是一種典型的減法思維。每一種大鍋飯都只會用一種主材，我從未在 Acá 吃過幾種食材混搭的大鍋飯。這樣的處理可以令優質的主

上｜梭子蟹大鍋飯

下｜鮑魚大鍋飯

食材特性得到更好的體現。每一種主食材都物盡其用，比如用鮑魚製作時便會將肝醬燉煮進飯中，且燉煮米飯的高湯亦是鮑魚湯，令米飯充分吸收鮑魚的香氣和鮮味。製作松葉蟹大鍋飯時，則將蟹膏融入飯中等等。

在 Acá 有很多將日本食材和西班牙烹飪手法完美結合的例子，最直白的無疑是紅甜椒油蒜蓉焗蝦（gambas al ajillo）。這道菜在形態上保持了西班牙風格，但細節上卻體現了日本風物。首先選用的蝦是日本對蝦，在冬季還會搭配鱈魚白子一起入饌；其次裡面會加入日本味噌來豐富味覺層次，並帶出原始版本沒有的特殊柔和感。除此之外，東鐵雄主廚還將蝦頭進行烤製，之後磨碎與肉末同炒，為這道菜提供了鮮味基礎。這些細節上的完善既不破壞菜品的西班牙風味，又準確而不突兀得展現了日本食材的特質。

再比如用馬肉製作的 sobrasada 香腸。Sobrasada 是一種起源於巴利阿里群島（Islas Baleares）的醃製香腸，它與意大利的薩拉米（salami）類似，傳統上以豬肉末配以紅甜椒粉（Paprika）、鹽以及其他一些香料混合後風乾而成。東鐵雄師傅改用日本較常食用的馬肉製作該香腸，調味醃製後用炭火略烤表面，然後配以煙燻蛋黃攪拌成韃靼肉末（tartare）狀，底部配上烤的酥脆的芝麻味麵包，頂部則是芝麻葉，還額外配有紫蘇葉。食用時先用芝麻葉包裹著馬肉 sobrasada 吃，再用紫蘇葉包裹，供食客對比兩種香氣接近，但又具有明確差異的葉子與香腸結合後不同的味覺體驗。最後剩下的香腸則配著麵包吃，猶如丹麥開放三明治（Smørrebrød）一般。

正如前文所說，東鐵雄師傅堅信立足於食材和傳統烹飪手法的料理是足可以打動人的，減法思維是他料理時非常顯著的一個特點。

比如 Acá 有一道「簡單」的蔬菜沙拉讓我一吃難忘。Acá 的蔬菜來自 GG 農場，農場主 Gergely Kalmar 是匈牙利人，他在英國學習有機農業後，遠赴日本岡山縣尋找理想的種植土壤和水源。據東鐵雄師傅說，他第一次品嘗農場的菜蔬時，甚至擔心自己的烹飪水平無法充分展現這些食材的風味，這是他作為主廚的信心第一次被動搖。遵循有機種植理念的 GG 農場所提供的菜蔬經常長得奇形怪狀，但味道香氣都十分濃郁，為了不浪費 Gergely 的勞動成果，東師傅總是想著法子合理改刀以及充分利用邊角料。而這道蔬菜沙拉便是讓食客直接品嘗 GG 農場出品的各類菜蔬的原本風味。每次出品的菜蔬品種都不一樣，東師傅會根據各種菜蔬的特點進行適當料理，或蒸或煮或炸或原木燒烤，之後組合在一起配上基於白冷湯（ajoblanco）製作的醬汁供食客食用。西班牙白冷湯以麵包、扁桃（almond）、大蒜、橄欖油及鹽為主料，是一種冷吃濃湯，但東師傅將其加熱作為沙拉的醬汁食用，溫度提高後白冷湯的味道和香氣都得到了更好的釋放，與各類菜蔬結合在一起有各不相同的味覺效果。

說到減法便不可不提西班牙火腿燉煮而成的無調味濃湯，90 攝氏度燉煮五小時後，火腿的香氣、鮮味乃至色澤都溶於湯中。那茶色的清湯甚至有中餐高級清湯的美感，東師傅每次以不同食材搭配這一清湯，展現出季節輪轉的美感。譬如初夏

上｜紅甜椒油蒜蓉焗蝦及鱈魚白子

下｜蔬菜沙拉配白冷湯汁

的海鰻（鱧）、夏末秋初的各種菌菇，以及冬天的蕪菁等等。

2018 年我首次拜訪 Acá 時，它早已是一位難求的名店了。經過五年的摸索，彼時東鐵雄師傅的烹飪理念已臻成熟，從菜品上而言，東京店與京都店的完工度沒有顯著的差異，只有在菜品細節上的精進。當然預約難度是遠高於京都時期的，還記得京都舊址除了吧枱還有散桌可以接客；東京店除了主吧枱，只有一個可坐五六人的副吧枱。

雖然京都時期的 Acá 已完全具有名店氣質，但從用餐體驗的完整性而言，京都店作為一家高級餐廳是不足的。我想東鐵雄師傅當時也應該非常清晰地知道理想中的餐廳應該是什麼樣的，只不過一切都需要經驗和資金的積累。經過七年的努力，水到渠成，他終於開啟了 Acá 的新篇章。

我覺得不應將一個京都主廚將餐廳搬去東京的行為稱作「上京」，畢竟日本憲法並無明確的首都定義，而京都人骨子裡是有一種傲氣的。但東京的餐飲市場確實從各個層面而言都比京都來得廣闊深厚，尤其對於 Acá 這樣的西洋料理，在東京面對的食客多樣性和欣賞水平都可謂是頂級的。在與各色食客接觸交流的過程中，Acá 本身也在進化中。如今的 Acá 以一種更為完整的形式呈現在食客面前，作為食客我樂見餐廳的進化。

雖然離開了京都，但那是東鐵雄師傅的故鄉，亦是 Acá 起飛的寶地，因此雖然搬來東京三年，他的 Instagram 名還一直保留 Aca_Kyoto_Tokyo，這名字亦記錄了 Acá 在兩京之間的發展歷程。

也許 Acá 的特性某種程度上來源於主廚非科班出身的優勢，相對於廚藝學校規範訓練出來的廚師，東鐵雄師傅本身具有跳脫框架思考的能力，而多年的海外生活學習經驗亦令他更清晰地看到了日本的西班牙料理圖景的合理發展方向。不過想來遺憾，Acá 之後似乎日本也沒有出現其他十分突出的西班牙餐廳，不知道以後是否會有新的驚喜出現呢？

註

1 本篇寫於 2023 年 9 月 24 日及 10 月 8 日，基於多次拜訪。
2 桝，日本造漢字，用於地名；漢語音 jié，日語發音為 masu。

一段女主廚的獨白

Été[1]

誰人都知道，要在性別嚴重失衡的日本廚師界靠自己的天賦和努力闖出這樣一片新天地根本不是易事。

木心的《從前慢》是廣為流傳的一首短詩，如今網絡時代信息傳播速度之快已今非昔比，生活節奏想慢下來幾成奢侈。不過網絡時代也有些自己的好處，譬如好事傳千里的速度大大加快（壞事亦然），外國有什麼美食美酒，天涯共此時，我們可以同步知悉。

記得 2016 年開始，常在網絡上看到一款四方形水果撻，最初常見的版本是宮崎「太陽之子」芒果製成的，芒果切為薄片後卷成玫瑰狀，再依次規整地放入撻盒中。黑色的撻盒簡單優雅，唯有右下角有黑色壓印的「été」一詞，以及用銀色熒光筆手簽的「Natsuko」和日期。Natsuko 寫成漢字是「夏子」，看來是主理人的名字了。我學過基礎法語，知道 été 是法語「夏天」之意。日本餐廳取名多以主廚名姓為依，這 été 也是一例，不過取了不同語言中的同義詞，頗有點意思。這款水果撻還有自己的名字，喚為 Fleur d'été，即「夏花」之意，又是一語雙關的取名法，既融入了餐廳和主廚的名字，又表達出芒果片的玫瑰花造型。據說這水果撻一日限定十份，食客趨之若鶩，一時洛陽紙貴。

後來又看到草莓的版本，如路易．威登（LV）經典棋盤格般錯落將紅白草莓依次排開，草莓尖上細緻地點上了銀箔，漂亮得像件藝術品。還有巨峰葡萄和香印青提製成的葡萄撻，兩色葡萄中間點綴著白色的奶油，三色輝映，更是如珠寶般炫目。後來還陸續有了夏日清水白桃撻、秋天限定的栗子撻，還有蜜瓜撻，一件件都可謂美輪美奐，水果撻古已有之，但做到如此美觀程度的確實只有這一家。對細節如此注意，且具有頗高的時尚感，聯想到撻盒上的「夏子」二字，我猜這一定是位女主廚的作品無疑。果不其然，1989 年生於東京的庄司夏子是一位年輕的女主廚，年紀輕輕便用此妙法打開一片新天地，不得不說是有些才華在身的。我雖不嗜甜品，但頗愛水果，而且這些水果撻造型優雅，可以看出主理人的美商頗佳，於是托朋友訂購了幾款。後來朋友說夏子其實開了個小小的介紹制法餐廳，除了水果撻還可以品嘗她的烹飪手藝。

由於夏子是甜品師出身，Été 當初吸引食客眼球的也是造型美觀的水果撻，因此有人說她的烹飪不及糕點，但凡事無調查便無發言權，而且從網絡圖片來看，菜品的完工度並不低，

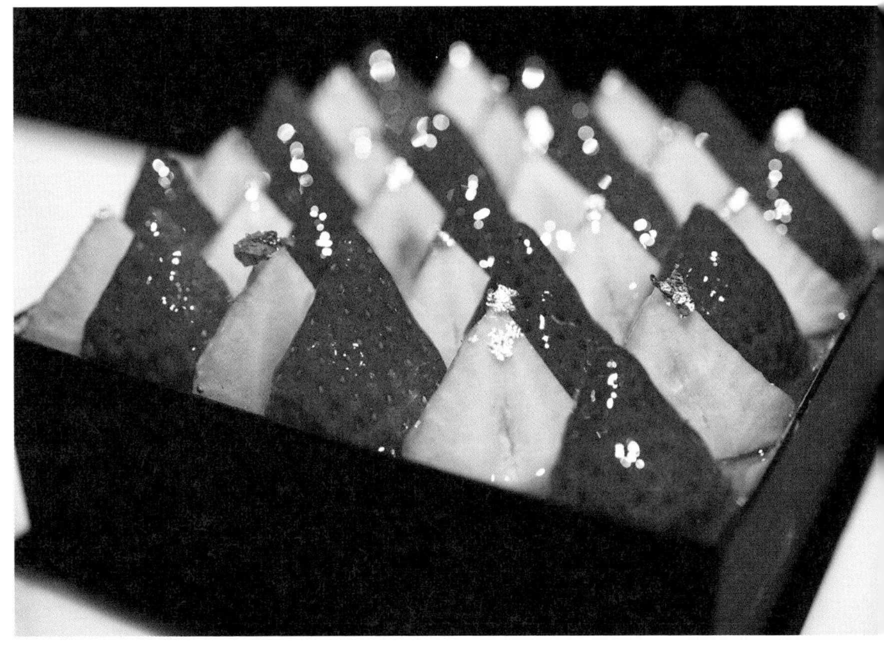

上｜聖誕限定版的芒果草莓撻

下｜草莓撻

於是我決定親自拜訪，一探究竟。

第一次去 Été 是在 2017 年年底，彼時店址尚在代代木公園附近的一條小巷裡。餐廳門臉低調，黑框木質門，小小的黑色燈箱上有白色 Été 的名字，如果不瞭解這店的來歷，走過路過未必會注意到。經商之道總希望自家名號街知巷聞，這在日本卻未必是真理，不少主廚相信酒香不怕巷子深，將自己的小餐廳做成了熟客制或介紹制。一般此類餐廳規模較小，無法承接大眾化的需求。而且日本茶道裡有所謂「一座建立」的說法，客人有權挑餐廳，主廚也有權選擇真正可以理解自己烹飪的客人，從而保證用餐氛圍是相互尊重和欣賞的。很顯然 Été 也屬於這樣的餐廳，夏子一天最多只招待一組客人，她和助手兩人打理所有烹飪，還要製作客人訂購的水果撻，工作量已然超標。

當時 Été 的菜單比較短，前後算起來只有六道菜，外加一款碩大的法國奶油麵包（brioche）和最後的巧克力茶點。每道菜不能說驚艷，但都是美味和細緻的。比如鱈魚白子煮熟後打成蓉狀配花菜薄片，再刨上應季的白松露，用一點洋蔥平衡幾種不同的香味。白松露看似雪地枯葉，花菜片好比片片雪花，裝飾所用的銀箔讓人有聖誕來臨之感，一上桌就讓人在視覺上全方位感受到冬日時令。濃郁溫熱的白子正好將白松露香氣激發，亦不與洋蔥香氣衝撞，是濃郁卻平衡的一道菜。另一道脆鱗甘鯛是當時夏子的招牌菜之一，炸得酥脆滾燙的甘鯛放入蕪菁和松葉蟹清湯中，熱油遇到湯水發出「嘶嘶」聲響，平靜的湯面也沸騰了起來。入口後鱗脆肉嫩，且極鮮美，雖不是什麼難想到的組合，卻勝在完工度上。

雖則菜品美味，但有一說一，當天大家印象最深的竟然是看似平平無奇的法國奶油麵包。這款麵包家喻戶曉，吃鵝肝之類時常用來搭配。夏子的奶油麵包體積碩大，圓滾滾左右對稱，外皮成淺咖啡色；一切開，熱氣四散，蒸汽瞬間將奶油混雜麵包烤製後的複雜香氣帶給食客，即便坐在桌子最遠端也能聞到。夏子將它切成等大的幾塊連同煙燻黃油一起上桌，從第一口開始大家就讚不絕口。外皮烤到恰到好處，多一分便焦黑苦澀，少一分則酥脆不足，如何完美把握這邊緣狀態想必是無數次經驗積累後才能解決的難題。內裡自然濃香撲鼻、軟潤適口，是非常溫柔的一款奶油麵包。當時我就想到香港的 Tate Dining Room 也有不錯的奶油麵包，用來搭配主廚劉韻棋自製的腐乳黃油，兩者有異曲同工之妙。幾年後兩位主廚果然在香港做了一次四手，是一次女性與女性主廚的溝通對話，取得了很不錯的效果，當然這是題外話了。

後來每次去 Été 都很期待這款奶油麵包，不過我也理解為何當初一些食客對 Été 烹飪的喜愛程度不及糕點。夏子認為自己的餐廳不屬於食客會頻繁回訪的類型，因此菜品更新較慢，但根據季節會更換招牌菜。在食客普遍追求滿足度的時代，夏子的這個策略讓當時 Été 的套餐略顯冷淡，讓人覺得不夠滿足。不過我個人對「滿足度」三字常持懷疑態度，精緻餐飲好比一場舞台劇表演，是主廚個人表達和食客反饋的「一座建立」。食客作為觀眾也作為創作者共同進入了這個舞台空間中，但所謂滿足感不是單方向的，而是雙方共同去達成的。如

上｜初次拜訪時的鱈魚白子菜式

下｜切開後的法國奶油麵包

果要充分追求個人滿足感便應該去食客點單的餐廳，每人根據自己的需求點菜，豐儉由人。但在主廚主導的當代精緻餐廳中，客人更應該有一種欣賞和體驗的心態。當然我們每一個人都在一次次的用餐體驗中篩選與自己最適配的餐廳，這也同看舞台劇一般，選擇適合自己的劇本、導演和班底，並嘗試去理解與自己偏好不一致的劇本和導演，而不是一味認為自己的品位和需求是唯一評價標準。精緻餐廳用餐體驗更像觀看舞台劇而不是電影，因為電影是相對標準化的，定版後不會有變化，看多幾次或許有新的感悟，但電影本身不會有任何變化。舞台劇則不同，雖然有劇本和固定的製作版本，但每天新鮮上演，演員的狀態和細節處理都會有不同，因此今日看的和明日看的同一部劇在絕對意義上並不一樣。在我看來，這也是我們一次次進入同一家餐廳的動力所在。

而且當年 Été 開業僅僅兩年，夏子也不到 30 歲，廚師之路剛剛啟航，自然不能用功成名就的大名廚標準去評價她的餐廳。因此每次去東京我都會購買時令水果撻，偶爾也會回訪 Été。

疫情阻隔三年，從社交媒體動態來看，Été 一直在進化中。夏子身材高挑，穿衣搭配頗有時尚感，而她做的水果撻也早就火出圈了，逐漸地 Été 與時尚品牌的合作越來越多。菜品上也多有新作出爐，除了個別經典菜，比如開場的海膽撻等，其他菜都早已大不同。2021 年 Été 還從原來狹小的空間搬遷到了澀谷區西原的現址，原址則留做蛋糕領取點。空間雖然依舊不大，但完整感有了較大提升。用餐區域寬敞了不少，窗外還有根據季節輪換的精美裝飾；餐位從四人變為六人，不過依舊是一日最多接一組客人的老規矩。

疫情後的 Été 我認為是有脫胎換骨般的變化的，夏子顯然在料理上更為自信亦更為自如，套餐基本框架沒有變，菜品稍有增加，從六道的結構變為九道，但用餐體驗有質的提高。我一直認為食客需要選擇有潛力的年輕主廚一起成長，而不是以一時一地的某餐飯論成敗。

夏子在食材選用上更為大膽，大閘蟹、熊肉等之前未出現過的食材讓我眼前一亮。她和我說香港天香樓的蟹粉麵讓她印象深刻，去年疫情開關後第一次重回 Été 時她就做了一道大閘蟹蟹粉菜，融入了她自己對這一食材的理解。這蟹粉是新鮮拆的，而非預製品。傳統炒蟹粉用豬油，夏子則選用黃油，因不想成品過於油膩，她的黃油量十分克制；而且這道菜在套餐前半部分，如果讓食客負擔太重，會影響對後續菜品的品嘗。炒製後加入蕪菁清湯燴煮，成品色澤明亮，香氣濃郁，放在蟹形容器裡相得益彰。

之前去 Été 吃飯時和夏子說我頗愛熊肉，尤其冬日的月鍋[2]實在美味，每年冬天都想吃到。後來她從好友 L'evo（レヴォ）主廚谷口英司處獲得一批熊肉，待我初春到訪時，她給我們製作了自己版本的熊肉鍋。白味噌湯底，配上連根的野芹，鮮甜清爽，熊肉切成薄片放入沸湯中，片刻之後熊肉吸收了味噌的微微甜味，伴著特殊的香氣，讓人欲罷不能。最妙的是用法餐做法將熊肉脂肪塞入羊肚菌中進行煎製，然後與熊肉共冶一鍋，讓各部分的熊肉都有不同的味道。這道菜十分濃郁，喝完湯後不覺略有負擔，誰想夏子上來一道熊本文旦雪葩，配上時令的花山椒，瞬間讓人覺得清爽無比，舌尖上的滯膩感煙消雲散。

還有一次她做了熊肉西班牙大鍋飯，說實話我第一次吃到這種做法的熊肉。這道主食的陣仗也相當大，所謂大鍋飯，現如今都是小鍋燉煮了，但夏子用的是一個碩大的平底鍋，拿上桌時大家紛紛驚歎。我連忙快速拍照，以免她舉得太久體力不支⋯⋯米飯吸收了熊肉的鮮味，鮮美無比，熊肉燉得鬆軟，夏子還特意給了我一塊連骨肉，簡直有了大快朵頤之感。

而且甜品環節如今更為夢幻，一長條的橙紅色玫瑰花帶中放著一朵朵芒果做成的花朵，一上桌便引來全場女士的驚歎，大家紛紛拍照留念。

如今 Été 從用餐空間到菜單結構都更好地體現了夏子的理念，相較於疫情前更為完整和清晰。夏子永遠看上去都是那麼友善熱情，說起菜品來手舞足蹈，猶如一個講述自己開心事的小女孩，但其實誰人都知道，要在性別嚴重失衡的日本廚師界靠自己的天賦和努力闖出這樣一片新天地根本不是易事，背後所經歷的磨難和考驗豈會是輕鬆的？當年在初中家政課上因為學做泡芙而對烹飪產生興趣的夏子，曾否想到自己會在這條道路上走到今日？

初中畢業後，她就讀於駒場學園高中的食物調理科，畢業後進入現已結業的 Le Jeu de L'assiette（ル・ジュー・ドゥ・ラシエット）工作。該店當時的主廚下野昌平和夏子的高中前輩川手寛康是好友，因此川手寛康幫她打了招呼。夏子在餐廳主要負責甜品，後來下野主廚決定獨立開店，於是夏子也離開

上｜熊肉鍋

下｜熊肉大鍋飯

了餐廳，去了剛獨立開店的川手寬康的新店 Florilège（フロリレージュ）。自不用說後來的 Florilège 也成了名店，但當時餐廳人手短缺，工作強度很高，一直將工作放在第一位的夏子忙到連父親的最後一面都沒見到。這讓她開始重新審視自己的生活狀態，於是她決定從 Florilège 辭職。雖然在 Florilège 時，她並沒有正式的副廚頭銜，但實際日常負責的工作是完完全全符合副廚要求的，而且這段工作經歷讓她在甜品製作外，還學習到了大量法餐烹飪技術。川手寬康主廚也同意她在簡歷中寫副廚職位，可見這位高中師兄對夏子的影響和幫助之大。以至於她現在說起匆匆離開 Florilège 這一往事時，仍然心有愧疚。

離開 Florilège 後，她一度退出了餐飲界，母親介紹了一份東京喜來登都酒店的大堂工作，完全切換賽道的夏子似乎從此與餐飲無緣，誰知這一切都是冥冥中最好的安排，她在大堂工作中學習到了如何與不同客人打交道的技巧，這是窩在後廚很難接觸到的工作內容。

當年在 Florilège 工作時，她需要負責與媒體打交道，也因此與一些雜誌編輯成為了朋友。在喜來登都酒店工作時，一位編輯好友問她可否麻煩她重出江湖，為自己的婚禮製作一款蛋糕。這讓她對烹飪的熱情死灰復燃，她也意識到自己無法離開熱愛的烹飪，於是她開始接單製作蛋糕，逐漸形成了自己的風格，到最後通過「夏花」這款芒果水果撻一炮打響。

瞭解了她的創業故事後，就會發現夏子有一種死磕的精神。當年為了開店她為自己買了份保單，受益人是母親，因為她從政府基金貸了 1,000 萬日元的款項作為啟動資金，如果餐

疫情後的甜品呈現

廳失敗，她準備自殺，以免連累母親背上債務。因為她的小妹妹患有智力障礙，需要人照顧，她不能因為自己的冒險而連累家庭。聽到這個故事時，我心裡一激靈，不禁覺得夏子頗有女中豪傑風範。

正是這種破釜沉舟的精神令她一步步走到了今天，顯然還清這筆貸款已是小菜一碟，不過夏子每一步都有清晰的目標，穩扎穩打的她一定不會止步於此。有人問她未來的夢想是什麼，她說：「我沒有夢想，說實話我並不喜歡這個詞，我只有目標。」

有人覺得夏子社交太過頻繁，一年到頭有很多時間在世界各地參加活動，哪有時間鑽研菜品？我認為適度社交和聯手晚宴具有重要的經驗價值，即便在外出差，她都探索在地美食，並思考如何把旅途所嘗所見融入到餐廳菜品中。而且她不在東京的時候餐廳根本不會運營，一旦營業便是全力以赴的狀態。夏子在採訪中透露，其實自己並不是喜歡社交的人，只不過因為日本女主廚太少，地位不高，她希望通過自己的努力可以傳遞出積極的信號，讓更多女性參與到餐飲業中，逐漸改變目前的局面。

2022 年，亞洲 50 佳餐廳榜單評選夏子為當年亞洲最佳女廚師，她在獲獎後說：「我非常感謝這個獎項，並向支持我的人們表示感謝。我希望成為日本女廚師們的榜樣，相信這個獎項將激勵她們追隨心中熱情。我還要向在我的整個職業生涯中指導、啟發我的廚師致敬。」

不過在熱熱鬧鬧的餐桌上和活動中，有多少人會靜心聽聽這一段女主廚的獨白？想必少之又少，更多的只是愛湊熱鬧的人群。

註

1　本篇寫作於 2023 年 9 月 - 11 月，基於多次拜訪。
2　參看本書比良山莊相關篇目。

瓢亭本店

吉兆嵐山本店

菊乃井本店

露庵菊乃井

吉泉

緒方

四百年前，京都南禪寺畔

瓢亭本店[1]

此刻的我，也是一位京都過客而已，
在某年某天停留在瓢亭裡
品嘗一次偶發的午餐，
正合了所謂的「一期一會」之意。

對於愛吃之人而言，京都有一點好，便是許多餐廳的預訂可提前許久，托酒店或在日本的熟人代辦。不似東京那些個人風格極其濃郁的餐廳，多數只允許本月 1 日預訂下一月的位置，抑或僅可本人預訂[2]。因此雖然我本次旅程的後半段才去關西，餐廳卻早早訂好，最後確定的反倒是第一站東京的餐廳。

到得京都已是晚上 8 點多，京都站依舊熱鬧，但旅客中心、巴士客服處等都已關門。看來京都確實是個早眠的城市。我們住在祗園森莊旅館，既然下榻在谷崎潤一郎生前喜歡的旅館，那麼他熱愛的南禪寺瓢亭也須品嘗下了。第二天早早起來，逛完了清水寺；沿著三年坂二年坂慢慢走去，路上吃了些小吃；很快就路過了知恩院；穿過幾條靜謐小道後，南禪寺畔便到了。而瓢亭本店（別館在隔壁）就在無鄰庵名園旁邊，低矮屋簷下，兩位身著和服的仲居（旅館或料亭的女侍）在門口等待來賓，綠邊白底的店家旌旗在中午的陽光下隨微風飄動。在京都，隨處的景色人物都帶著幾分無須矯飾的古意。

照例，這些迎賓仲居英語非常一般，溝通了半天才確定我們的訂位信息。期間我們就坐在門口的木凳上等待。通往南禪寺的小路依舊是石子鋪就，或許相比 400 年前，這路面已平整許多；周圍的景物也多多少少發生了些變化；在此間生活的人轉眼間換了十數代之多，但瓢亭依舊在。據說在瓢亭本店的玄關處仍存有當年遺蹟。

400 餘年前，瓢亭前身，南禪寺總門外的松林茶店為過路行人（據說其位於東海道上，為行人必經之所在）提供茶水和小食。其中最受人歡迎的便是半熟的瓢亭玉子（雞蛋），這種看似簡單的溏心蛋一直傳承了 400 年，至今仍是朝粥必備，八寸常客。天保年間（1830-1844），瓢亭逐漸轉型為一間料亭，提供京料理。早在元治元年（1864），瓢亭就已經出現在了《花洛名勝圖會》中，可見其成名日早。成名早並不稀奇，稀奇在於 400 年來，瓢亭一子相傳，悉心經營，依然盛名遠揚。2009 年，雖第 14 代主人高橋英一婉拒，但米其林指南還是授予其三星榮譽，連續幾年至今仍穩拿三星。不過 400 年食客口碑應該比外國指南來得真切吧？

瓢亭門臉

找到我們的訂位信息後，一位仲居領我們走進了這古老的庭院。小小庭院錯落有致，雖則一看便知年代久遠，但無絲毫腐朽氣息。灌木小林，間雜潺潺水流。水中各色鯉魚暢游，岸邊則青苔繁盛，好似厚厚的綠毯鋪地。交代完洗手間位置後，仲居將我們帶進一間小巧的包間中。包間極為簡樸，我生怕一不小心撞壞了這小木屋。不過好在裡面是桌椅，而非榻榻米，不需要跪坐著吃了……

包間兩面開窗，並無玻璃阻隔。清風習習，流水棲鳥，水流聲襯著鳥鳴聲，渾然一體，讓走了一上午的我們身心無比放鬆。坐定，茶水奉上，菜單便放在我們面前了。瓢亭午餐與晚餐各一餐單，價格相差無多，不似一些料亭分開若干個菜單，讓選擇障礙症的食客心頭著慌。中午餐單八道菜（止椀、御飯、香物算在一道裡），悠悠吃來，兩個小時神不知鬼不覺就過去了。瓢亭受茶懷石影響極深，無餐前酒，不過也沒有開頭便吃飯……喝了一會兒茶後，菜品就來了。

先付與向付一同上來，兩道菜都是相對簡單的：先付為焯水菜及松茸，用鰹魚醬油涼拌；向付（刺身）則僅有一款明石鯛。松茸和明石鯛都是季節性食材，在秋天的懷石中佔有重要地位。日本料理所講究的「旬」開宗明義地體現了出來。水菜即日本蕪菁葉，是日本料理中常用的菜蔬。京都不臨海，歷史上沿海捕獲的海鮮經特殊處理後，要以極快速度運往京都。如今交通便捷，京都名料亭各有貨源，魚生自然不會差。明石鯛肉質細膩，彈性很好。所配的醬油除了土佐醬油，還有一款番茄醬油。這醬油顏色很淡，聞上去有股不同於豆味的清香，嘗著鹹味極淡，透出一絲甜，配明石鯛正好。點少許山葵，蘸一點醬油，慢慢咀嚼，可以讓明石鯛的鮮甜緩緩釋放出來。而一旁的菊花和紫蘇花正好去腥清口，絕不是簡單的裝飾而已。

由於和食的季節性極強，因此同一個季節，不同的料亭往往會使用極其相似的食材，而其中一些菜式也極其相似。這便是比較各家大廚烹飪細節的時候了。煮物自不用說必以海鰻（鱧）為主角，配以水菜、松茸和香橙（日語稱為「柚子」），而這其中的高湯則大有來頭。傳統的日本高湯多以海帶（昆布）及鰹魚花為原料，兩種材料的不同分量和處理方式可以產生各具特色的高湯。而瓢亭的高湯則是以海帶與鮪魚花煮製，打開精美的漆椀蓋，一股鮮香迎面撲來。用細緻刀工切斷所有細骨的海鰻，如一朵輕盈綉球花般浸潤於清澈的高湯中。捧起湯椀嘗一口，這高湯鮮美異常，與以往以及之後旅途中所品嘗的高湯截然不同。而其中要義便在這鮪魚與鰹魚的區別上，松茸雖有助力，但絕不是關鍵所在；香橙皮則是起到提香去腥之效。鰹魚高湯亦有極品者，但瓢亭鮪魚高湯的個性異常鮮明。回憶整個日本旅程，這椀高湯讓我思念萬分。

瓢亭的午餐八寸並不算豐盛，其中的明星自然是傳承了400年之久的瓢亭玉子。非要說瓢亭的溏心蛋有何天下無雙之處，那也是妄言。但任何好的溏心蛋都有令人心頭一暖之功效，試想400年前，道路難行，行至此處的旅人可以在松林茶店喝上一壺熱茶，啖一個溏心蛋，歇歇腳再繼續上路。這是多麼舒人心脾的一次短憩？而此刻的我，也是一位京都過客而已，在某年某天停留在瓢亭裡品嘗一次偶發的午餐，正合了所謂的「一期一會」之意。

八寸中的鱒魚卵顆粒飽滿，雖不是其中極品，但亦粒粒有聲，鮮甜潤口。甜栗子雖味道突出，但卻敗給了鹽燒的白果。銀杏樹在日本十分常見，尤其東京街頭多有以銀杏樹做行道樹之處，一到了秋天銀杏葉紛紛黃落，此景雖美，卻不好聞。只因新鮮白果落地，被行人一踩，漿汁爆出，奇臭難聞。最早嘗試烹飪白果者也是勇士啊。梭子魚壽司和燒沙鮻（鱚）則中規中矩。

炊合裝在簡潔淡雅的瓷碗中，由小蕪菁菜頭、星鰻（穴子）、菊菜燜煮而成，香橙皮末使得整道菜品清香撲鼻。星鰻透著淡淡的甜味，而菜頭則糯軟可口，菊菜清香獨特，吃完之

上｜椀物

下｜八寸

後腹中暖洋洋。聽著窗外的流水鳥鳴，感覺時光便在舉箸收筷間停滯。

秋日時令的燒物非抱籽香魚（子持ち鮎）不可，雖則北大路魯山人很不喜歡子持香魚，但我等凡夫俗子卻覺得抱籽的香魚也別有一番風味。據說香魚一月長一寸，至十月止。一年而盡，故稱「年魚」。初夏小香魚上市，可取之作天婦羅，香氣獨特，肉質回甘鮮甜；夏中的香魚自然是要鹽燒，內臟飽滿，肉質細膩，正是香魚最豐腴的時節。浙江天台一帶亦產香魚，然而一大盆裹粉油炸，將香魚細膩、多層次的味道全部抹殺，和普通溪灘炸魚無異，不是妙法。

秋季的香魚雖然因為準備產卵，營養被消耗很多，但香魚卵本身亦是一種美味。烤籤穿過活香魚，在腹部橫刀一劃，烤製完成後魚籽自然湧出魚身，造型獨特。配上蓼醋，從頭至尾無一口多餘處，骨頭都已酥軟至極，無骨無渣。不過香魚旁邊的舞茸我倒覺得可有可無。

燒物之後便是御飯、香物和止椀了。止椀是紅味噌湯，裡面有炸製過的蓮根團子（已消弭在了湯汁中）以及豆腐皮（湯葉）。而止椀的漆器雖小，卻十分精美。我倆的椀樣式並不一樣，一個的椀蓋內側是日月圖案，另一個則是富士山。寥寥數筆，卻又顯出一股華美氣勢。這些餐具亦不知服務了多少年，至少有些餐具在40年前的一本叫做《京料理瓢亭》的專著中便已出現。而且瓢亭還藏有大量北大路魯山人製作的陶瓷餐具。食器之美是懷石料理的基本要素，食物之美、食器之美和食肆之美，三者缺一不可，因而並不是所有和食會席都可冠以

「懷石」二字的。

說回御飯，松茸既然時令，便要用到盡處。御飯是松茸同蒸的，沒有太多噱頭，卻粒粒鮮甜。不似吉泉將御飯搞得費盡心機，卻適得其反。香物（鹹菜）中的蘿蔔片是連著葉杆同漬的。京都人對漬物似乎極有熱情，街頭上各種鹹菜店，其中不乏百年老舖。無論現代懷石的套路如何改變，香物、止椀和御飯都是雷打不動的固定搭配。畢竟一汁三菜是和食的原始套餐起點。

上甜品前，仲居奉上焙茶（焙じ茶），慢慢喝幾口，望望窗外庭院，都有點不捨得走了。水物有葡萄、無花果、柿子、桃子、石榴及香橙雪葩和水果凍，底下則是薑汁。每樣水果雖然分量不大，但搭配在一起卻異常令人滿足。清新的水果自然讓後面跟著的和菓子顯得甜膩，不過配上抹茶則正好。主菓子是用栗子做的，栗子的香氣很明顯，但甜度依舊維持著和菓子甜死人不償命的水平。在京都料亭吃飯，抹茶的質素顯著提高，濃密的乳狀泡沫下是明綠的茶汁，不澀不苦，回甘怡人，正好解了主菓子的毒。

午餐之後，我們繼續坐著喝了會兒茶，之後去院子裡逛了下。這庭院雖然不大，卻別有洞天，走幾步便有玄機。小溪雖淺，裡面的住戶可著實大——各色大鯉魚游曳其中，岸邊的草木看似雜亂，卻自有格局。陽光依次透過樹蔭和屋頂射下，顯得斑駁昏然，幾百年時光就在這一道道料理中悄然溜走……一看時間，已經快 3 點了，而晚飯還要趕去另一家餐廳。為了消食，我們趕緊趁著「飯間休息時間」跑去平安神宮

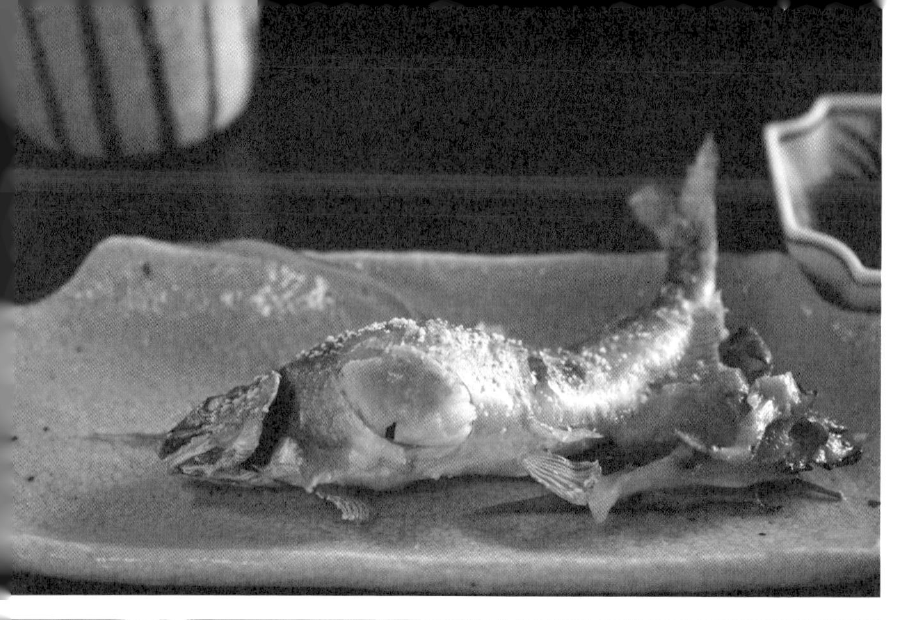

上｜鹽烤抱籽香魚

下｜松茸飯

遊蕩了。

哦，對了，瓢亭男洗手間的小便池裡插滿了柏葉，水落下去，一陣柏葉清香，這也是令人印象深刻的事情。話說我們坐在包間裡，然而不在現場的仲居們總能精準地踩對每道菜的節奏，她們肯定在什麼地方觀察著每一個包間的進度……

註

1 本篇寫作於 2015 年 10 月 20 日，寫作前拜訪於 2015 年 10 月；修訂於 2023 年 6 月。

2 短短幾年過去，現在很多日本餐廳都已經只接熟客的預約了。

嵐山晚春雨，渡月吉兆影

吉兆嵐山本店[1]

嵐山吉兆將茶懷石的儀式感與料亭的待客之道相結合，在傳統基礎上求演進，在與食客的互動中創造一場完整的饗宴。

5月初雖已立夏，但京都依舊一派晚春氣象。前一日在宇治遇上瓢潑大雨，狼狽地跑進小店買了傘，但帆布鞋依舊被淋透。忍著濕冷逛完了平等院，買了些抹茶，又去永樂屋買了棉布手帕和包袱皮。一直到傍晚才去京都，在酒店放置了東西後立馬跑去商場買了防水鞋，這下可不怕大雨了。

第二天起來，天色依舊陰沉，雲層極厚，霧氣朦朧，看樣子依舊有下雨的可能。於是帶了傘出門，中午訂了京都吉兆嵐山本店，早上便打算去嵯峨野坐小火車，在嵐山隨便走走，消磨時光。

雖然天不作美，但坐小火車的遊客依然很多，且五湖四海皆有，穿著和服而來的同胞亦不鮮見。我們在保津峽上車（JR 保津峽站與觀光小火車站有一段距離），嵐山下車。一路上細雨霏霏，綠草茵茵，山巒林立，怪石遍佈；山谷間桂川水波濤洶湧，嵐山上雲氣升騰，這晚春景致有說不出的動人處，真可謂「山氣巃嵸兮石嵯峨，溪谷嶄岩兮水曾波」[2]。

晚春初夏的嵐山，最令人印象深刻的便是這無邊無際的綠色：翠綠、明綠、深綠、墨綠鋪遍大地，延展入雲，飄蕩進水，將一股生氣毫無保留地展示出來。嵐山站下車後，咫尺便是竹林，兩邊的竹子碧綠挺拔，竹林裡鋪著一層厚厚的竹葉，間中或有新竹鑽出，短短的一條狹窄竹林小道讓人流連忘返，真可反覆走上幾次。

穿過竹林繼續往南，便是嵐山公園了，依舊是無盡的綠色，周恩來總理的《雨中嵐山》石碑便立在山腰。90 多年前亦是多雨的晚春時節，留學日本的周恩來遊覽嵐山後寫下了這首詩。這石碑是 1970 年代中日邦交正常化時所立，現如今特意來看的遊客想必不太多了。

出了公園走到桂川邊，往渡月橋走去，途中便是京都吉兆嵐山本店了。以前曾在吉兆邊的旅亭嵐月留宿，那時正是初秋時節，嵐山黃紅夾雜，正是紅葉將興之際，與晚春的一片綠色截然不同，四季輪替之感油然而生。

走進吉兆馳道木門便已有侍應等候，確認預訂之後，仲居帶著我們進了一樓一間寬敞的個室。這嵐山吉兆所在地原是美術商兒島嘉助的別墅，結構上乃數寄屋造。湯木貞一與兒島甚為熟稔，於 1948 年購入此處，並將其改造為吉兆的嵯峨分店（今日的嵐山本店），而大阪的吉兆高麗橋本店則是兒島嘉助的宅邸……

從環境與意境而言，嵐山吉兆有諸多家分店難以比擬的優勢。此處崇山峻嶺，草木遍佈，窗外視線所及皆是當季的自然美景，四季輪迴，景各不同，創造出料亭分外重視的季節感。

坐定之後，環顧四周，玻璃推拉門外，一片春綠，侍應拿著小木桶為採摘好的菖蒲灑水。灑完水後，他轉向我們，深鞠一躬，默默退去。從進門到結尾，嵐山吉兆的每一個細節都是如此到位，實在令人佩服。

日本明治維新後改用陽曆，5 月初正值他們的端午時節，個室裡的裝飾亦體現出時節變換。花菖蒲獨立，男孩節飾品華美霸氣，房樑上工筆描繪著鹿群，洋溢著一股晚春的生氣和閒適。

上菜前冥想吉兆過往，這二字細細說來便是一段日本料理的掌故了。創始人湯木貞一（1901-1997）乃神戶人，家中經營鰻料亭中現長（已結業）。他祖上為廣島藩士，明治維新時，其祖父放棄武士身份搬去關西經營生蠔船（生蠔船早期以運輸為主，後亦沿岸販賣生蠔，最後演變為生蠔料理店），後其父不喜生蠔船營生，轉開餐廳，他便是在父親手下開始接觸料理的。

年輕時期開始，湯木便對茶道產生了濃厚興趣，在修業學習的過程中，他進一步形成了自己對於日本茶道和料理的觀念。「禪師千利休將 400 年的孤單和寂寞融入日本料理的意

上｜男孩節裝飾

下｜門外的初夏景色

象，讓茶會恢復原來清淡素樸的面貌，所以我們必須好好整頓日本料理」，在晚年的一次與其二女婿德岡孝二及徒弟小山裕久的談話中，湯木貞一如是說道（1994 年談話，《日本料理的神髓》，小山裕久著）。這大概是他貫徹始終的核心理念。

本著對茶道和日本料理的理解，亦為了進一步實踐自己的烹飪理念，湯木貞一於 1930 年在大阪新町開設御鯛茶處吉兆。「吉兆」這個名字據說是畫家須磨對水所取。

大阪今宮戎神社每年 1 月 10 日前後舉行十日戎，其間有攤販售賣一種竹製道具「吉兆笹」，供人向商業之神惠比壽祈福所用，據說售賣此物時，攤販會吆喝「吉兆、吉兆」，須磨對水的靈感便是由此而來。還有個說法，當初吉兆二字旁邊有標音為きっきょう（kikkyo），但客人經常讀成きっちょう（kitcho），於是便約定俗成，發成きっちょう了（注意，吉兆招牌上的吉字，乃上土下口的異體字）。

1937 年店舖遷移到疊屋町，後成立股份公司（1939 年）。但 1945 年大阪空襲時疊屋町店被燒毀，隨後湯木貞一便在蘆屋自家宅邸中開設了蘆屋吉兆。二戰後吉兆發展迅速，逐漸在各地開枝散葉，從中亦走出不少料理界名廚。譬如德島青柳主人小山裕久、京都最難預約[3]餐廳未在的主人石原仁司（嵐山吉兆前料理長）等。

另外著名的松花堂便當亦是湯木氏發明。「松花堂」三字乃江戶初期石清水八幡宮僧人松花堂昭乘（1584-1639）之姓，這方形木盒乃其裝繪畫書寫工具、當煙草盆所用。據說 1933 年，湯木貞一在大阪一次茶會中，受此格子木盒啟發，認為既美觀又可避免食物串味，從而發明了「松花堂便當」。

1988年，湯木貞一獲頒文化功勞者，乃日本歷史上第一個獲得此榮譽的料理人。1991年，年事已高的湯木貞一將吉兆分為本吉兆（大阪）、船場吉兆（大阪）、京都吉兆、神戶吉兆及東京吉兆五個部分，分別由長子湯木敏夫、三女婿湯木正德、二女婿德岡孝二、四女婿湯木喜和、大女婿湯木昭二朗負責。題外話，好像除了德岡孝二，其他女婿都入贅了呢……

這幾個吉兆當中，高麗橋吉兆乃大阪吉兆之本店，嵐山吉兆乃京都吉兆之本店，兩者歷史又以嵐山吉兆更為悠久。在經營之中，三女婿湯木正德可謂最無心無德，船場吉兆在爆出謊報牛肉產地醜聞後，再度爆出殘羹待客的醜聞，極大地損害了吉兆集團的名譽，於2008年結業。

而德岡孝二負責的京都吉兆無疑是其中最有聲有色者，分店都開到名古屋和北海道去了。現在嵐山本店由湯木貞一外孫、德岡孝二繼子德岡邦夫[4]主理。我們到訪那天，主廚德岡邦夫不在店中，仲居說他正在洞爺湖店裡。

中午時分，霧氣消散了些，但天色依舊陰沉；個室寬敞乾燥，將潮氣擋在了外面，四面玻璃門也不阻礙食客觀瞻春色如許。料亭者，多會在食客入座後呈上菜單，而嵐山吉兆並未如此。仲居說菜品上齊，食客用膳完畢後會有印製好的菜單留念，但上菜之時則希望食客可以獲得驚喜。

嵐山吉兆的菜單共分四檔，最便宜的一檔僅供午餐，最貴的一檔按食材價格定價，每日有浮動。我們預約的是第二檔，不計菓子，共十道菜。

坐下後先喝一杯暖胃水，白水加點脆米，通常的料亭套路。唯茶碗古樸秀美，青花紋精緻細膩，一開場便不怠慢。

向付（吉兆菜單寫為「向附」）裝在金邊金底水晶盞中，主材為炭烤扇貝（帆立貝），浸在蓴菜酸汁中，配以白蘆筍、百合根、秋葵、西紅柿及木耳等新鮮菜蔬。扇貝的炭烤香氣十足，配以順滑的蓴菜，令人食欲大振，配菜則鮮甜爽口，讓人感受到晚春初夏的季節轉換。隨向付同上的是自製米酒，其中點綴著鳶尾根，為酒添香，亦傳遞出時令的特點。

隨後是煮物椀。打開華美的沉金黑漆椀，裡面是石狗公（笠子）、獨活和木芽，都是晚春初夏的代表性食材。湯底自然是傳統的出汁，但嵐山吉兆的木魚花出汁，全然不輸給瓢亭的鮪魚花出汁。在香氣、鮮味和鹹度三方面而言，嵐山吉兆的出汁都是令人印象極深的。魚肉遇熱收縮，極易煮老，但湯裡的石狗公卻嫩而有嚼勁。椀物配了十六島海苔，乃島根縣出雲市之名產，薄而透光，鮮脆有聲。

出汁看似簡單，卻學問深厚，椀物作為日本料理套路中的核心一環，每一家日本料理（狹義）店都有呈現，但越簡單的菜品越彰顯每家店的實力差異。一道出汁要經過至少兩年的等待，因為昆布需要熟成兩年方能變成出汁的原料。而這簡單一煮一涮的過程中又蘊含了廚師多少年的修煉，則更難計量了。嵐山吉兆的出汁潤物無聲，無愧其名。

椀物之後，乃是另一重要菜式「造里」，亦即刺身。所謂「椀刺」，可見椀物與刺身是日本料理中多麼重要的兩道菜。

上｜向付

下｜椀物所用之漆器

這兩道的順序並無定則，或先或後。嵐山吉兆的刺身非常簡單，一款牛尾魚（鯒）、一款鮪魚腩肉（とろ），兩者分立盤中，各不相擾。配的醬油則一為普通魚生醬油，一為混有辣蘿蔔泥和醋橘的醬油，兩者搭配魚生各有風味，牛尾魚肉質勁道，味淡而尾韻鮮；鮪魚腹肥瘦適中，淡淡的脂香給人滿足感。

端午時節，粽子是必不可少的時令物。嵐山吉兆的粽子以牡丹蝦為餡，混以碎米與紅豆，包裹在茅草葉（茅萱）中，扮演「箸休」角色。拆開粽葉，撒一些炒香的白芝麻，配鹹菜共食，體驗五月端午的節日氣息。

之後便是菜單的又一重頭戲——八寸了。仲居抬上兩人份的八寸，盤中裝飾依舊是花菖蒲，與食材本身一道體現晚春初夏的時令。仲居將菜分裝進陶器中，這容器雖形狀不是長方形，但依舊保留了緣高的基本特徵。「八寸」這個名詞據說是從千利休供奉神靈的八寸杉木盒而來，而一寸又代表了最適合一口吃下的食物尺寸，因此這八寸又與筷子文化有關。

嵐山吉兆晚春的八寸包括穴子醋物，配以水菜；酸汁做成的啫喱，點綴了一些紫蘇花，清爽鮮美；鮮蝦配未過濾的味噌醬（もろみ味噌），蝦味襯豆香意猶未盡；海膽點綴著少許山葵，鮮甜；蠶豆（確切說是所謂「一寸豆」）簡單水煮，糯軟；鯛磯邊卷，一層雞蛋一層海苔包裹著鯛魚肉，層次分明又十分融合；芋莖爽脆；烏賊東寺揚外酥裡嫩，外面的豆腐皮酥脆而烏賊則糯軟鮮甜。八寸者，很多餐廳容易有若干件烹飪失準，但嵐山吉兆則件件烹飪精準，味道細膩，讓人嘆服。

日本政府為了保護香魚（鮎）資源，野生香魚於 6 至 11

上｜粽子

下｜八寸分餐前的全貌

月方可捕撈，但 5 月初各大料亭便已有稚香魚，嵐山吉兆亦不例外。這香魚產自琵琶湖，雖為養殖，但水體環境與野生無異，一般人很難吃出差別。琵琶湖位於滋賀縣，乃日本最大湖泊，亦是世界上最古老的湖泊之一。數條河流匯入其中，亦有多條河流自此發源，它為京阪神地區居民提供了飲用水，亦對周邊的自然環境做出了巨大貢獻。香魚便是其中重要的自然饋贈之一。

為了讓食客充分領略稚香魚的妙處，嵐山吉兆分兩部分呈現香魚。首先是兩條鹽烤的，裝在做工精細的銀箴子裡。鹽烤稚香魚透著淡淡的香氣，肉質細膩，味道淡雅，苦味較輕。旁邊搭配的是一個油炸日本對蝦（車海老）頭，蝦味很重。

之後是第二部分。稚香魚是晚春初夏天婦羅店的重要食材，但嵐山吉兆並未將其作為天婦羅，而是先微烤後炸。這樣處理的稚香魚相較鹽烤的更為柔嫩多汁，不覺一絲油膩。搭配的醬汁是傳統的蓼醋，不再贅述。

香魚之後是焚合，用翠底銀花蓋碗盛著，一打開便是一股溫潤的熱氣，透著菜蔬的甜甜清香。焚合一菜是一道承上啟下的菜式，是主食之前的調節。與椀物一樣，焚合的底子也要用到高湯，但椀物用的是一番出汁，焚合則用熬煮出的高湯。在晚春菜單中，嵐山吉兆的焚合以信田卷（豆腐卷蕨菜，表面微炸）為主料，配以香菇（椎茸）、南瓜（菜單上寫作「南京」，為日語中對南瓜較古早的稱呼）及荷蘭豆（スナップえんどう）一同燉煮而成。南瓜與荷蘭豆表皮都有烤製痕跡，想必是先微烤後燉煮，使得蔬菜的香甜可以得到完全的釋放。溫熱的焚合下肚之後，便是主食時間了。

幸得晚春時節尚可吃到鮮美的京都竹筍，嵐山吉兆的御飯便是竹筍牛肉飯。仲居說每年入米時，德岡邦夫會挑選多種不同的米，然後組織員工品嘗，並讓大家投票自覺最美味者，得票最多的便作為餐廳所用之米。而這一日我們吃到的便是大阪府所產的きぬむすめ米（Kinumusume，不知中文對應何名，試譯為「絹娘」）。仲居先讓我們品嘗白飯，這種米顆粒飽滿，質地白皙；烹煮得更是恰到好處，米的表面似裹著一層極薄的水霧，入口綿軟，米心黏韌有力，味道細膩，回味甘甜。

所配的香物是漬甘藍（甘藍ハリハリ漬）、柴漬（茄子與黃瓜切絲後與赤紫蘇及鹽共同醃漬，乃京都傳統漬物的一種）及裹著柴魚粉的昆布片。昆布加柴魚粉實在有點太鮮，有些喧賓奪主，但甘藍和柴漬都是非常清新開胃的漬物。

再來吃竹筍牛肉飯。這筍是烤過之後切丁入釜，與米同煮，再配以烤過的京都和牛，盛入椀後，撒上新鮮山椒葉。山椒葉的清香與和牛的油脂香氣撲鼻而來，而竹筍鮮嫩爽脆，與糯軟的米飯形成口感上的交錯對比，一口氣吃完，又盛了好幾次，我和W小姐竟吃完了一釜的飯……

不過還是要留點肚子給甜品，嵐山吉兆的甜品亦十分豐盛，仲居端著一個大陶籃過來，上面林林總總放著多種水果。仔細一看，原來不是純粹的水果，還有偽裝成原樣的西柚果凍。芒果、蜜瓜、櫻桃和柚子果凍，配上蜜汁，真是甜，這酸酸苦苦的西柚果凍倒起到了平衡甜味的作用。

不知不覺午餐已近尾聲，仲居送上抹茶和代表端午的柏餅。這柏餅又與別處不同，傳統柏餅以磨碎的粳米粉製成，口感上接近傳統的廣東粉果[5]；但這柏餅晶瑩剔透，大概好似現在的粉果，加入了澄粉，做出了這等效果。外面包裹的槲櫟（柏）葉自然是沒有變。

喝完抹茶，仲居換上熱的焙茶（茶具在用餐過程中數次更換）。我們坐在個室中回想過去的三小時，嵐山吉兆對於用餐節奏的控制可謂完美，而仲居的服務亦令人難挑瑕疵，關於菜品、料理、器皿以及料亭歷史等等的詢問，仲居都可流暢完整地回答。與客人的交流亦不是模式化的敷衍，而是真正的待客之道。雖然吃完午餐已下午 3 點，但絲毫不覺漫長，如此的用餐體驗令人難忘。當然吉兆分店眾多，其他分店如何便不知道了。

正結帳買單時，窗外忽然狂風驟雨來襲，吹得這一片春綠顫顫巍巍，在雨簾中隨風狂舞。幸好我們帶了傘，不然又要重複在宇治的遭遇了。走出個室，侍應早已撐傘等候。兩位年輕侍應舉著傘送我們走過馳道，來到吉兆門口，待我們取出自己的傘，一切穩當後方收傘退後。風大雨急，我們未多磨蹭，便匆匆趕著回左京區了。

雖然時隔已久，但嵐山吉兆的用餐感受依舊記憶猶新。不似新近流行的某些割烹店，常將食材以外的因素簡化，有時甚至給人一種豪華食材堆砌之感。嵐山吉兆將茶懷石的儀式感與料亭的待客之道相結合，在傳統基礎上求演進，在與食客的互動中創造一場完整的饗宴。

日本料亭曾經是政商名流社交之處，在以前多數料亭皆需熟客介紹方可拜訪；而京都吉兆嵐山本店作為名料亭中的代表

上｜竹筍和牛飯

下｜柏餅

之一，更曾接待諸多名人。現代以降，料亭逐漸向公眾敞開大門，但有人偏執地認為料亭形式大於內容。

此類觀點屢見不鮮，我實在無法贊同。真正優秀的料亭，從傳統走來，與時代結合，無論是烹飪、菜品呈現、服務，抑或環境，都是有機一體的，任何一個環節缺口，便將整體帶落，而這種用餐的完整性便是料亭對我最大的吸引力所在。嵐山吉兆無疑是這一方面的絕對佼佼者。

轉眼間又是春天，雖然晚春初夏時節我還要去日本，不過這次沒有安排京都的行程，要再訪嵐山吉兆可能還需再等些時日了。因緣際會難以預知，人生在世一期一會，這便是我對美好經歷所抱的態度。

註

1 本篇寫作於 2017 年 3 月 26-27 日，寫作前拜訪於 2016 年 5 月；修訂於 2023 年 6 月。
2 語出西漢淮南小山（淮南王劉安一部份門客的共稱）的《招隱士》。
3 三十年河東三十年河西，如今未在早已不是京都最難預約的餐廳了。
4 其乃湯木貞一二女湯木準子與亡夫上延多萬喜之長子，與德岡孝二並無血緣關係。
5 傳統粉果以熟米粉為原料，可參看作者《香港談食錄》第一卷《中餐百味》中陸羽茶室的相關內容。

未果，為結

菊乃井本店、露庵菊乃井[1]

在外界對日本料理尚認知模糊的時候，村田吉弘已扛起了把傳統和食推向世界的大旗。

疫情原因許久不能出國，去年整年的日本餐廳預約全數取消，至今年便不敢再約，生怕到頭來又落得一場空。在放慢腳步之後，反觀數年來飲食之旅，倒有了些新的感悟，一些久久未寫的餐廳在回憶中翻騰上來，顯出些不同的樣貌。

許多年前，在尚未赴日探訪餐廳時，我就買了菊乃井三代目村田吉弘（1951-）寫的《菊乃井——風花雪月》（講談社，2006）的英文版，這幾日終於翻看完了。菊乃井本店是當年我最早拜訪的料亭之一，而露庵菊乃井則是去年日本疫情爆發前拜訪的。雖出同門，但兩家菊乃井給我的印象可謂雲泥之別。

說到日本料理，菊乃井無論如何都是繞不開的名字。它好比一個向世界展示日本料理的窗口，在外界對日本料理尚認知模糊的時候，村田吉弘已扛起了把傳統和食推向世界的大旗。村田吉弘對於 2013 年和食進入人類非物質文化遺產名錄的功勞可謂巨大。當然你可以說松久信幸（1949- ，Nobu 餐廳創始人）也為日本料理走向世界做出了貢獻，但我認為以融合與妥協來換取商業成功的推廣實則弊大於利。正如唐人街各種變調中餐，到頭來只是把中餐推向了快餐和味精濫用的刻板印象中。

在京都眾多歷史悠久的料亭中，菊乃井算不上十分古老的，但屹立至今也已第三代。1912 年村田吉弘的祖父創立了菊乃井本店；露庵店的前身是 1976 年開業、由村田吉弘負責的木屋町店，後來經過搬遷改名於 1989 年以露庵菊乃井之名重開。

細看菊乃井的徽章是一口稜形井圍繞一朵菊花，然此非真正的菊花，而是象徵形如菊花湧出井口的井水。「菊乃井」這一名字據說來源於京都的菊水之井，此井的水傳為當年武野紹鷗（1502-1555）至愛。如今武野紹鷗名聲不及當年，但茶道三宗匠千利休（1522-1591）、津田宗及（？-1591）和今井宗久（1520-1593）皆是他的高足。

取井之名為店名，是因為村田吉弘的先祖是豐臣秀吉（1537-1598）原配夫人北政所（1547-1624，豐臣吉子，或寧寧，其去世後葬在高台院，法號高台院湖月心公，故後世又稱為高台院；而北政所原為日本關白正妻的稱號，然後世言北政所即指豐臣吉子）的茶坊主。他隨北政所從大阪到京都高台寺，隨後世代都在寺內奉茶，相傳給北政所泡的茶，正是使用菊水之井的水。幕府時代結束後，村田先祖只能以一身茶懷石的本事開始了料理事業。這正合了「舊時王謝堂前燕，飛入尋常百姓家」之意。

即便出身於料理世家如村田吉弘者，也是經過了些波折，才意識到日本料理是足可屹立於世界飲食之林的。尚在立命館大學就讀的村田吉弘告訴父親說他想學法餐，不想繼承家業。未曾想到，父親竟然說要學法餐我就送你去法國，雖然母親讓他向父親認錯道歉，但他知道覆水難收，於是在毫無準備的情況下被送到了法國。

他在法國及其他歐洲國家拜訪了不少餐廳，亦結交了些異國朋友，但也遇到過輕蔑日本料理之人。在這個過程中，他逐漸意識到日本料理有其獨特之處，在很多方面並不輸給法國菜，只不過缺乏必要的體系梳理和對外輸出。六個月後他回到日本，向父親表示自己想成為一個日本料理廚師，父親對他的毫無恒心感到極其憤怒，直接把一個玻璃煙灰缸砸向了他。這便是村田吉弘左眉傷疤的由來，而這個傷疤也是他頓悟到自己未來職業方向的印記。隨後村田吉弘便被送往名古屋歷史悠久的料亭か茂免（Kamome）修業，繼承家業前去其他高級料亭修業是料理世家的慣有操作。

相較其他毫無國外學習經歷的主廚而言，村田吉弘是一個眼界非常開闊的廚師。雖然菊乃井的料理依舊在傳統和食的框架裡，但現代技術和異國元素的運用相較於其他老店而言是較為大膽的。這無疑與他在法國的遊歷有關。

甜品中使用冰淇淋等自不用說，這在料亭裡已是比較常見的。我在菊乃井本店吃到的甜品（水物）便是焙茶冰淇淋和黑豆蛋糕。這蛋糕由於用的是丹波產的黑豆，因此日文名為「丹波路松風」。傳統上松風蛋糕是不加油脂的，但菊乃井的版本使用了黃油（牛油）和牛奶，並加入了許多秋季的堅果及乾果，如栗子、松仁、葡萄乾、無花果乾等，並以香橙（柚子）增香，是一個東西方融合碰撞產生的甜品。

再比如，冬季蓋物（在菊乃井的菜單體系裡，這道菜相當於煮物椀或椀物）裡的百合根饅頭原是和食裡非常常見的季節菜式。這饅頭用百合根、山藥混合米粉及蛋清製作外皮，裡面可以包裹不同的時令食材；一般湯汁都以稍事勾芡的出汁為底，各家搭配不同的蔬菜和調味。但村田吉弘將其與松露湯汁搭配，來了個和洋結合，據說在歐美推廣和食時這道菜頗得外國食客的歡迎。

除了黑松露湯汁外，他在製作百合根饅頭的時候還加入了一些鮮奶油。傳統上研磨食材多用研缽，村田吉弘是京都最早用料理機處理食材的和食廚師之一，使得製作百合根饅頭的時間和人工成本大大縮減。以上種種無不透露出村田吉弘敢為人先的精神。

然而我個人並不十分喜歡黑松露湯汁的百合根饅頭。在我看來椀物是最能體現日本料理精神的一道菜，是懷石一汁三菜基本框架裡最包羅萬象的一道。無論是出汁的香味和鮮味，還是所搭配食材的地域性及季節性，都是體現風土的極好元素。但這黑松露版本的百合根饅頭，根本讓食客失去了椀物一入口便與日本風土自然發生關聯的感官體驗。京都冬季雖冷，也不

上｜焙茶冰淇淋和黑豆蛋糕（攝於菊乃井本店）

下｜露庵分店的黑松露椀物（攝於露庵菊乃井）

需要法國黑松露來燻香取暖。

即便都屬高級和食店的範疇，不同餐廳展現出的審美取向，差異可謂巨大。食客在拜訪到一定量的同級別餐廳後，就能清晰感受到這點。有些店的審美之高，需要食客有相應的經驗和知識儲備才能完全體會到精妙處，就算味蕾能反饋美味與否，但弦外之音僅靠味蕾是不夠的。而且很多時候，味蕾感受亦會受到認知層次的局限。

第一次拜訪菊乃井的時候，我們還去了瓢亭和吉泉，也住了幾家包膳食的傳統旅館，但畢竟拜訪經驗不足，在當時很難做出公允的判斷。現在回想起來，菊乃井本店，無論是料理的味道和呈現，還是整個用餐體驗都是外放而不是內收的。

比如我們一坐下，仲居便呈上了數張不同價位的菜單，最便宜的午餐僅需 8,000 日元（現在已 13,000 日元起步），最貴的則是 45,000 日元。菊乃井不僅將菜單選擇權交給食客，而且還一下子提供這麼多不同價位的菜單——相較其他僅一個主廚菜單的京都和食店而言，這是十分外放的操作。村田吉弘曾表示店內提供不同層次的菜單是為了讓更多人負擔得起，從而讓更多的人體驗到和食之美。

村田吉弘的父親交代他，菊乃井的料理應該精確且美，但不能太細膩；不應該空洞，而應該是完整而充滿力量的。這也許是菊乃井可以屹立東山百年不倒的秘訣所在。

進入個室後發現落地窗外是雅致的庭院景，青苔綠草長於各色石塊之間，開餐前依例灑了水，顯得幽靜深邃。這小小景觀原是有玻璃阻隔的，但卻潔淨至無物之感。器皿皆雅致古拙，與菜品頗為搭配，不在話下。

是日我們所選菜單沒有先付，第一道上桌的便是載於船形盤中的八寸。菊乃井苦無月可賞，於是村田吉弘在八寸的擺盤上運用了水中月的意象。小舟行水上，圓月映水中，回望岸邊則有在微風中搖擺的蒲葦。

當日印象最深的是八寸裡的松針與銀杏葉，多數料亭以真物裝飾，菊乃井的卻是可食用的。其用番薯製成銀杏葉狀薄片再炸製，頗有四川菜裡燈影苕片的意思；而松針則用綠茶素麵裹以紫菜（海苔）沾蛋清炸製而成。再提一句八寸中的栗茶巾，是秋日常見的小點，其之所以名帶「茶巾」是因為製作時，確實是用濕潤的茶巾將栗子蓉捏成小球狀的；烤製後仍可見到捏製的紋路，頗可模擬栗子原來的紋路。

秋日的料亭大多少不了烤製的抱籽香魚（子持ち鮎），菊乃井的抱籽香魚裝在龐大的圓形土盆裡，顯得頗為壯觀。盆內鋪有色彩斑斕的秋葉和松針；各類顏色湧入眼簾，深紅、橘紅、淺綠、墨綠、黑色、明黃、深棕等等令人應接不暇。一歲一枯榮之感油然而生。菊乃井的這個呈現是充盈而濃烈的，絲毫沒有收斂和留白的餘地。

魚籽飽滿的香魚躺在紅葉上，彷彿進行著一場生命的告別。到此時，土盆置於桌上，炭火烤製的香氣也逐漸擴散開來，第二個感官被調動了起來。一人三大條的量也秉持了菊乃井的外放和飽滿風格。

當日為我們端來香魚的是村田吉弘的千金村田紫帆，她舉手投足間溫婉賢淑，頗有大家閨秀風範。2008 年她還在當年

上｜當日我們所處和室的景觀，看似無阻隔，其實有落地玻璃。（攝於菊乃井本店）

下｜八寸中的銀杏葉和松針都是可食用的食材所製（攝於菊乃井本店）

葵祭（京都三大祭之一，每年 5 月 15 日舉行。原為賀茂祭，因隊伍用葵花和葵葉裝飾遂稱葵祭）擔任了齋王代一角。齋王在京都指賀茂神社出任巫女的未婚內親王和女王，但這一習俗自 1956 年已由平民中的未婚女性代替，故稱齋王代。此乃題外話。

菊乃井的出汁味道飽滿而富有力量，入口就有強烈的鮮味，它未必是雅致的，更不是輕柔的，但卻極具自身的特點。而出汁幾乎是給一家和食店定調的基礎，如果出汁無法傳遞出該店的基本風格，則整家店的料理風格樹立都將是個偽命題。

正如村田吉弘的父親所言，菊乃井的料理雖然不會過度細膩，但它是精確的。以出汁為例，水的選擇自不用說，小山裕久在《日本料理的神髓》中就指出日本料理是水的料理。如果不選用碳酸鈣含量小於 60 毫克每升的軟水，海帶（昆布）中的谷氨酸就無法釋出。如今菊乃井自然不再使用那口古井的水，但用的依舊是地下 138 米打上來的軟水。

至於海帶和鰹魚乾，村田吉弘用的是窖藏一年以上的一級利尻昆布，配以鹿兒島枕崎市熟成一年的本節（本節通常以較大的鰹魚製作，三枚切後還需要將兩片魚肉的背肉和腹肉分開）。

材料的細緻選擇是每家高級料亭的基本功。村田吉弘的精確更體現在，他結合現代烹飪的新發現，將傳統料理手法進行了提升。傳統上，廚師會將海帶放在水中煮半小時直至沸騰。但科學研究發現，水溫超過 80 攝氏度，海帶裡的谷氨酸就不再釋出。因此水溫至沸騰其實是沒有意義的，萃取谷氨酸的最佳溫度在60攝氏度左右。基於此村田吉弘改良了出汁的準備方法，他用小火將放有海帶的水升溫至60攝氏度，然後將水溫維持在這個水平。一小時後取出海帶，將水溫升至80攝氏度，關火，迅速放入鰹魚花。待鰹魚花完全入水後，等待十秒即可過濾出汁了。這便是菊乃井那性格明顯的出汁秘密所在了。

外放而飽滿的風格是具有征服性的，但有時候會讓食客覺得部分菜品和菜單結構過於強勢，缺乏可用於休息和調整的留白空間。例如當年在本店吃到的強肴（多為飯之前的大菜）便是如此。在菜單進入尾聲時，我們已經有七八分飽足，結果仲居上了一人一份魚翅鍋（鱶鰭鍋），讓人吃了一驚。頗為厚實的容器裡裝著一整片排翅，濃郁的湯汁散發著酒的清香，湯上漂著兩大節烤製過的大蔥，非常突破傳統懷石的克制審美。

這道菜的靈感據說源自中餐的翅羹，村田吉弘覺得中餐烹飪的魚翅吸味不夠，於是他用味道濃郁的鱉湯做底，讓本身無味的魚翅充分吸收鱉的鮮味；並下配芝麻豆腐（胡麻豆腐），上配烤製過的大蔥，令整個菜的味道層次更為豐富。

當天仲居告訴我們調味用了紹興黃酒，聞其味確實是；但看菜譜似乎一般用五段釀造的清酒（五段仕込み純米）為主。所謂五段釀造就是分五次將米和麴加入已有酒母的桶中的釀造手法，相較尋常的三段釀造，這樣出來的純米清酒含有更為豐富的氨基酸。如果出於氨基酸的考慮，那麼用紹興黃酒代替是完全合情合理的，因紹興黃酒富含氨基酸，增鮮效果顯著。在對鮮味的追求上，浙江菜與日本料理確有不少相通之處。

平心而論，這道魚翅菜是好吃的，但卻給人過於強烈的存

上｜烤抱籽香魚（攝於菊乃井本店）

下｜甲魚湯魚翅鍋（攝於菊乃井本店）

在感。前面已吃了湯湯水水且頗為扎實的秋季蓋物松茸土瓶蒸，後頭還緊接著松茸飯，這份魚翅就好比給唱到高潮的一台戲又加了一個大主角，有喧賓奪主之嫌。食客在濃郁鮮美的鱉湯魚翅之後，再來品嘗清香雅致的松茸飯，審美和味蕾都處於疲憊中，很難公平對待松茸飯。

相較本店，露庵菊乃井整體更為隨意放鬆。本店只有 11 個包廂，露庵菊乃井則有一個 10 人座位的吧枱，另配以三個包廂，而吧枱前方竟然還開闢了兩個卡座，可以說將客容量打得滿滿的。除此之外，此處價位也相對低些。這是菊乃井集團的分層經營方案，從某種程度上講，露庵菊乃井相當於一個降級版的菊乃井，可容初來乍到的遊客體驗和食，又不至困於儀式感和高昂的價位。但對我而言，整體感受確實打了不少折扣，可以說與數年前拜訪本店的感受截然不同。菊乃井的整體框架雖在，但食材檔次和烹飪細緻度都有妥協。

當日吃的飯是貝柱（小柱）配上胡蘿蔔（人参）和鴨兒芹（三つ葉），就頗顯得寒酸，整個菜單下來幾無高潮可言，一路都是意料之中甚至意料之下的出品。

朋友甚至還在湯中發現一根毛髮，主廚出來道歉，贈送了一道酒糟魷魚包烏魚籽（小川唐墨），不過我們早已意興闌珊，只想歸去了。

露庵店接待外國遊客頗多，侍應都已熟悉套路，時不時拿個食材出來展示，提供給好奇的客人拍照。但這樣一刀切地招呼外國客人實在有些倒胃口，所謂款待精神（おもてなし）自然應該包括客製化的服務，而不是這樣按部就班不動腦子。被要求拍食材照片也是非常尷尬的體驗了……

從露庵菊乃井出來，天空突然落下雪花來。京都的冬景見了不少，但下雪是第一次遇到。到如今有些懷念第一次去日本旅行時的興奮感，彼時每確認一個預約都可高興一陣；在拜訪前還會仔細研究路線和踩點，記得去菊乃井的前一天晚上，在京都和 W 小姐閒逛，去到菊乃井附近，沒想到旁邊有一大片墓園，不禁汗毛倒立，匆匆離去。京都的夜，光污染較少，有時候頗有些陰森感……

去年年初也未想到疫情會綿延至今，以致那麼長時間都無法去日本旅行。當天只是如往常般行色匆匆，未能細細欣賞快雪時晴的京都。想起衣冠南渡後王羲之寫給張侯的著名短箋中的四個字「未果，為結」，何事未果？為何為結？我也說不清楚了。

註

1 本篇寫作於 2021 年 2 月 20-27 日於香港，本店拜訪於 2015 年 10 月午餐，露庵店拜訪於 2020 年 2 月午餐；修訂於 2023 年 6 月。

吉泉的座上客

吉泉[1]

如果說哪位主廚對於料理美學的理解最有個人特色，我大概會說谷河吉巳。

一

那一日在瓢亭吃完午飯，本打算把附近的景點都逐個逛一逛。待得逛到哲學之道時，天色已經不早。勉強走到銀閣寺門口，只能折返，因為晚上還預約了吉泉。

下了陡坡，計算了一下時間，似乎只能打車了。人人都說日本打車昂貴，當日從東京大倉酒店往返羽田機場便已有所感受了。但在京都打車，驚心動魄程度不及東京，畢竟京都的總面積連東京的一半都不到。

銀閣寺距離吉泉不足四公里，沿著今出川通，往北拐入御蔭通，跨過高野川，沒過多久便到了餐廳門口。預約的時間是 6 點，我們竟然早到了半個小時！不想打攪還在做準備的店家，因此便對門口的小哥說，我們去下鴨神社（賀茂御祖神社）逛逛再回來。

二

相對於創設於 6 世紀的下鴨神社，吉泉顯得分外年輕。1986 年，《紐約時報》上有一篇 Daniel Goleman 寫的關於日本茶道的文章。文章後半部分不可避免地提到了與茶道關係密切的懷石料理，並在末尾處推薦了彼時創業不久的吉泉（雖嚴格而言，吉泉並非懷石料亭）。

吉泉一代店主谷河吉巳（1951- ）在賀茂川邊選擇了如此一塊靜謐之地，遠離了祇園的千年風塵，在名為糺之森的原始森林邊上開設了這間低調的料亭。千年的神社，萬年的森林，靜靜地觀望著京都的世事變遷。谷河吉巳的審美情趣已在這料亭選址中顯露無疑。

據說他九歲便開始接觸廚藝，15 歲上來到京都接受正規的訓練。在著名料亭學習廚藝的同時，更苦心鑽研茶道、花道，乃至詩書禮儀，十八般武藝，一樣都未落下。31 歲上，借了巨額資金，開了這間京料理吉泉。

然而吉泉頭十幾年是寂寞的，雖然在當地食客中積累了一些口碑，甚至《紐約時報》的文章中也有所提及；但要說名聲，卻遠不可與京都那些歷史悠久的大牌料亭相比。

直到 1999 年，谷河吉巳在當年風靡日本的廚藝挑戰節目《料理鐵人》中以海鰻（鱧）料理戰勝鐵人主廚森本正治，才終於一戰成名。他似乎是帶著弘揚京料理傳統的雄心壯志去參賽的，渾身散發著一股衝勁，在料理時卻又沉著冷靜，拿捏得當。

谷河先生對於這次比賽想必是十分看重的，甚而這比賽的 DVD 已經成為他贈送給外國食客的標配禮物。

2014 年，在獲得多年米其林二星之後，吉泉終於獲得了三星的榮譽。與部分日本廚師刻意迴避米其林不同，谷河卻將米其林指南大方地放在吧枱，似乎表露著他包容開放的心態。在隨後的料理中，也讓我感受到「他山之石可以攻玉」的現實演繹。

三

10 月的京都，6 點不到天色已開始變暗，尤其在植被茂密的下鴨神社，更顯陰沉。神社畢竟是供奉神靈先祖之地，天色暗下來後，不禁令人有些害怕。於是便朝餐廳走去，時間也差不多到了。

谷河吉巳師承生間流（乃庖丁的一種門派，始於鐮倉時代的武士之家），曾多次表演生間流式庖丁技法。所謂割主烹從，於是本著可以一探谷河大廚刀法的心願，我便讓酒店訂了吧枱座位。事實證明，我有點想多了。

吉泉的招牌依例小而低調，大概路過也不會注意到。門口的侍應穿著雅致，一律剪著寸頭。那小哥看到我們回來了便熱情相迎，領我們進了餐廳。

來到吧枱，發現裡面空空如也，不似有割烹之事發生。吧枱最內側已經有一位客人，我按指引坐在了他的旁邊。小師傅看有客人落座，便從後廚跑出，寒暄幾句獻上了主人家的舊日錄像。沒過一會兒，整個吧枱六個位置都坐滿了。

在選擇餐廳時，米其林指南加 Tabelog 評分之外，還有很重要的一點便是菜品的照片。無論是官方提供的「藝術照」還是點評網站上日本食客發的實物照，都將吉泉的菜品拍得很美。加上它又遠離鬧市，正好走馬觀花看看附近景致。

吧枱一下子變得熱鬧起來，而晚餐也正式開始了。吉泉的菜單選擇雖不似菊乃井本店那般豐富，但也有四檔本懷石加三檔廚師菜單懷石（お任せ懐石）共七種套餐可選，真可謂豐儉由人。我們在預訂時便已選擇了廚師菜單懷石的第一檔，晚餐吃得相對簡單一點，又不至於錯過餐廳的精華。

四

一杯暖胃的水，裡面泡著日本香橙的皮，透著清香和些許苦澀。望了望空無一人的吧枱內側，看來這確實只是一個供客人進餐的吧枱而已，並無什麼板前割烹。

第一道上來的便是裝在竹篾小箱裡的八寸。中秋時節的京都，楓葉已紅了一半，菊花也處處都開了，天氣漸次涼了下來，一片寧靜的秋景。而這小小的八寸便是這秋日景致的濃縮，主廚用簡單的裝飾將一抹秋色放置於盤中，供食客賞玩。

八寸擺盤

開箱之前，主廚獻上歡迎米酒，清甜溫潤，如秋泉一般適口。留著灰白短髮的谷河大廚十分幹練，神情認真而嚴肅，看得出來，為我們做講解的學徒應該非常懼怕自己的師傅。

我正拍著照，聽到主廚嘀咕了幾句，原來坐在吧枱最外側的食客在打開箱蓋時，差點把上面的花草樹葉傾倒下來。主廚的意思自然是平穩打開，不打攪蓋子上的一花一草。即便是稍後便入口的食物，也不能肆意破壞它整體的美。

望了一眼那食客，被主廚這麼一嚇唬，早已臉紅到了脖子。忍不住搭訕了幾句才發現，原來是同胞。這下可好，吧枱其他幾位食客也吭聲了，一聊才發現，整個吧枱竟是同胞專場……

剛才被主廚親自「指點」的食客姓馬，四川人，是位研究茶的博士。問起選擇來吃吉泉的緣由，他坦言吉泉是為數不多接受單人預約的懷石 / 會席餐廳。坐在吧枱最裡面、我右手邊的也是一位四川朋友，姓蔡，也是獨自一人來日本蹓躂。幾天之後，我與他在奈良的和山村（和やまむら）再度偶遇，可謂有緣。

W 小姐坐我左邊，她與馬博士中間是兩位來自浙江的姐姐。隨後的晚餐便在一片歡聲笑語中進行了。然而事後回味，太多精力花在聊天上，對於品嘗美食有極大的副作用，大腦分散了太多注意力在味覺之外的東西上。乃至於這一餐的味覺記憶也散失得異常快。這大概也是我對吉泉印象一般的原因之一。

五

我與 W 小姐想著要好好吃這頓晚餐，便點了一合酒。鎏金大盆裡放著滿滿的冰霜，細膩如雪，一樽薄酒立於其中，一片微微泛黃的銀杏葉是僅有的裝飾，樸實而精巧。

認識了在座的食客之後，我終於吃起了八寸。完整的一個日本香橙皮裡面裝的是甘鯛與地膚子（とんぶり），甘鯛沁著香橙的餘韻，切割到位，肉質勁道而無筋；地膚子形如魚籽，嚼起來口齒有聲。

除此之外還有京都豆腐、秋日甜煮的栗子、穴子等等。吉泉的八寸是較為中規中矩的，但隨後的菜品無論是擺盤抑或搭配，都似乎突破了這一克制的態度。在菜式上呈現出異域元素，給人一種融合的印象。

第二道菜的容器形如胖茄子，碗蓋上以冰霜塑殘雪，打開後竟然是冰鎮的南瓜布丁。用的是著名的白胡桃南瓜（butternut squash，南瓜屬植物，但並非我們一般意義上認為的南瓜），成熟後的白胡桃南瓜肉質細膩，甜度高。

這道南瓜布丁上方綴以酒味的果凍與零星一些香草，雖然布丁與果凍搭配得不錯，但甜味太甚。八寸之後接上這麼一道類似甜品的菜式，實在有些令人費解。甜味一重，就容易令我失卻胃口，下午又在產寧坂一帶吃了些零食，本身便不太餓，這一來更掃了興致。

八寸之後接一道有些西洋風的甜食，實在是其他懷石、會席餐廳不會出現的創意。有人或許會覺得耳目一新，而我卻持保留態度。

椀物自然是秋日當造的松茸與海鰻。谷河吉巳當年以海鰻料理打敗鐵人主廚森本正治，令我對於他的海鰻料理充滿了期待。更何況，谷河主廚以生間流傳承為榮，庖丁之事自然是最擅長的。海鰻便是一道普通人都能看些熱鬧的刀工料理。

吉泉的椀不似別家鎏金帶銀，深土黃色，椀蓋上噴有少許水汽。他親自出來向我們這幫外國人解釋如何享用椀物，他讓我們先打開椀蓋，然後體會椀物淡雅的香氣，之後再喝湯，感受出汁的鮮美；然後再品嘗椀中之物與剩下的湯。

這流程大約吃過幾次靠譜會席的食客都已熟稔，但放慢節奏去如此品嘗的人卻未必多。禮儀規制，對於很多現代人而

上｜椀物前出現的南瓜布丁

下｜椀物

言似乎變得多餘而累贅。我曾在大阪的太庵（米其林三星，2016）遇見過將漆椀放在吧枱上，湊著身子喝湯的同胞，吸湯的聲音堪比在街頭小店吃拉麵……

吉泉的出汁是清淡的，在經過瓢亭極其鮮美的鮪節高湯洗禮後，再來喝吉泉的高湯便會覺得寡淡。而上面一大撮香橙皮，透出些澀味，成了這寡淡之中的一縷突兀。海鰻在燙熟之後用熱木炭壓出炭烤的花紋，因此初嘗一口便覺得有一股淡淡的炭烤香氣。

然而吉泉的海鰻雖形態漂亮，卻有長刺沒有切斷，幸好被我發現，拿出嘴一看有一厘米長。這實在有些令人吃驚，於是我便將這根刺放在了椀蓋上，喝完湯也沒有依例蓋上椀蓋。小師傅來收餐具的時候自然會看到，也就不需要食客說什麼了。

六

吉泉的向付排場很大，但實際上只有兩種，一是日本對蝦（車海老），一是金槍魚臉頰肉。金槍魚來自愛媛縣，臉頰肉是分量非常少的一部分肥肉，也可以稱它為大トロ，但主廚特意前來說明與腹肉的不同，顯出對食客的款待之心。

金槍魚雖然薄切六片，但卻用了一個巨大的琉璃瓶，裡面依舊是細膩的冰霜，幾片金槍魚便赤裸裸躺在上面，顯得非常肉感。由於冰霜非常細膩，因此不會黏在魚肉上，也絕沒有冰渣口感。而旁邊的幾片蘋果正好用來清口。

之後的菜品在視覺上依舊華美而有節制，不會讓人覺得過分鋪張。視覺上的好感是一流的，而味覺上卻未能記住太多。甚至有一兩道令我心生不悅。

向付之後，小師傅端上一個白色瓷杯，上面半遮半掩地放著一片碧綠的銀杏葉。竟然不是秋日的黃葉，要知道東京種植銀杏樹的小道上已經遍地黃葉了，到處洋溢著被人踩裂的白果發出的臭氣。吉泉卻故意選擇了一片極綠的銀杏葉，大概是色彩搭配上的考慮。

一打開，果然，裡面是暖色的栗子飯。然而向付之後就讓食客吃飯，不知遵循的是何處的套路。不似茶懷石，開場便獻上白飯；在這中途給人一份甜滋滋的飯，心有不解。

七

正納悶時，小師傅端上來一竹箕的華麗菜餚，上面的各色樹葉色彩搭配講究，葉片大小與形狀也交相呼應，顯出一派田園精緻。精巧的器皿放置其上，讓人看得眼花繚亂，不知哪些是可以吃的。

小師傅放定之後，先讓食客盡情欣賞，然後依次將菜品端至座前。一個小屋子形狀的容器，打開，發現是一段抱籽香魚（子持ち鮎），旁邊配的是冬瓜。香魚籽脆脆的，但依舊沒有一整條吃起來開心。尤其是香魚這種需要慢慢感受整條魚味道變化的食物，這麼分段切開來，實在沒法感到滿足。

之後是松葉蟹腿，以及一碟豆腐與蟹肉。一溫一涼，都十分鮮美。席間與吧枱食客相談甚歡，發現蔡老闆點的大概是最貴的套餐，菜式上比我們更為豐盛。馬博士的則似乎更顯簡略，而我倆與那兩位姐姐應該點的都是廚師菜單中的第一檔。因此步調相合，都吃到了這一道蟹肉。

谷河吉巳雖然以弘揚京料理傳統為己任，但他的料理和套餐規制都已經與傳統京料理有所不同。無論是食材還是料理手法上，都大膽吸收了其他菜系的精華，而在套路上更打破了傳統懷石會席的陳規。而且吉泉並不提供菜單，整體而言，更像是一個不在板前進行割烹的創意割烹店。

八

這不，正尋思著下一道會是什麼，我便發現小師傅端上來了一盤鮭魚及鮭魚籽。生鮮的鮭魚在關西料亭中是比較少見的，而且向付早已吃過，又來一道生鮮魚肉，這也是比較令我吃驚的一點。洄游季節的鮭魚油脂平衡，鮭魚籽正當季，飽滿多汁，顆顆咬下皆有聲。但把這一道菜放在熱騰騰的火鍋前，真是有點突兀。

秋季真是松茸的舞台，接下來的火鍋裡又見到松茸，鋪滿整個湯面的菊花讓人不知鍋內是何物。小師傅說這是九繪魚（褐石斑魚，又稱泥斑）火鍋，紙火鍋顯然不算雅致，與一路下來的高審美擺盤並不一致。不過這火鍋湯鮮魚嫩，松茸也是非常好吃的。再說一遍，我依舊覺得，把整個鍋的火候交給食客是非常危險的，魚肉非常容易錯過最佳品嘗時機。

火鍋之後，整個晚餐逐漸進入尾聲，強肴登場了。有趣的

上｜金槍魚刺身

下｜香魚及松葉蟹的擺盤

是，吉泉的燒和牛是放置在一塊菠蘿上面的，而菠蘿底下依舊有燃燒的炭火在加熱。理論上，我完全可以理解主廚的想法，有些肥膩的和牛，透過酸甜的菠蘿來解膩；而且菠蘿的蛋白酶會分解蛋白質，將其變為小分子的肽段，令和牛肉質更鬆軟。但實際的效果是，熱烘烘的菠蘿酸味減弱，甜味突出，配上油脂豐富的和牛，兩者互相烘托更顯甜膩。

而配和牛的蔬菜沙拉更有一種說不出的怪味，原來是醬汁中的西芹在作怪。整道菜都讓我倆無所適從，和牛勉強吃完，而蔬菜沙拉最終還是剩下了一些。

之後的食事是牛肉松茸飯，配上滑嫩的京都雞蛋，可惜調味偏甜，將松茸的鮮味完全遮住；且與前面的和牛肉重味，令人審美疲勞，有點吃甜蛋羹的感覺。

香物是蕪菁配小魚乾，以及小蜜瓜和胡蘿蔔。一小合清酒已經落肚，我酒精過敏，此時已經面紅耳赤。飯到此時，已經接近尾聲，心情有些失落。吉泉並沒有帶給我一場完整的美食表演，甚至還有些失望。

九

吃完米飯，小師傅收走餐具。我們百無聊賴地靜等水物。聊起馬博士此行的目的，原來他是專程來探訪一些茶道景點並實地感受日本傳統茶道文化的。而兩位姐姐自然是忙裡偷閒，出來放鬆一番。蔡老闆則是與馬博士一樣的獨行俠，一言不合便踏上旅程。

我們都住在不同的城市，卻有幸同時成為吉泉的座上賓，而且相談甚歡，這何嘗不是一期一會呢？在日本坐吧枱吃江戶前料理或板前割烹，時常遇到同胞，但如此歡愉的一餐是從來沒有過的。大部分時候即便知道身邊坐的是同胞，也不會刻意去攀談。

馬博士點的菜單相對簡單，水物便是一蜜柑，打開之後是什麼樣的，未曾窺見。而我們的水物則是半個溫室蜜瓜，直接放在我們面前，一改整晚雅致的路線，在末尾時豪放了一把。

先等等，別急著吃。

小師傅拿來一瓶香檳，看標籤，原來是 Egly Ouriet 的一款。這香檳是倒在蜜瓜上的。一勺下去，蜜瓜的汁水與香檳水乳交融，難分彼此，蜜瓜的甜味，香檳的甘味和雅致，在嘴中進一步混合，實在是美味。這水物雖然顯得粗獷，但無論如何為吉泉扳回一局。

最後搭配抹茶的菓子自然是栗子味的，這是秋天京都最常見的搭配。

喝了一會兒番茶之後，時間已經不早。明天還要起來跑去瓢亭吃早餐，於是便埋單走人。女將笑容滿滿地跑出送別，並為女賓送上小禮物，是毛巾。谷河吉巳先生也出來送客，但依舊一臉嚴肅。

吉泉熱鬧的吧枱瞬間冷清了下來，吧枱的座上客互相留了聯繫方式之後，各自一頭扎進這古都濃濃的秋夜之中。

在過了許久之後，回憶起吉泉的那一餐飯，視覺上的好感是遠遠超過味覺的。甚至視覺的記憶此刻依舊清晰，味覺記憶

上｜吉泉的和牛呈現在菠蘿上

下｜完熟的蜜瓜配香檳確乎不錯

卻淡了很多。如果有人問我，京都哪一家米其林三星餐廳最好吃，我想吉泉一定不是我的首選。但如果說哪位主廚對於料理美學的理解最有個人特色，我大概會說谷河吉巳。

以上便是吉泉座上客的初體驗。

註

1 寫作於 2016 年 8 月 29-31 日，2015 年 10 月晚餐拜訪；修訂於 2023 年 6 月。

何妨吟嘯且徐行

緒方[1]

緒方俊郎的注意力永遠在烹飪上，無論春夏秋冬，都一直致力於將食材中最美好的味道挖掘出來。

坂本龍一（1952- 2023）在給緒方俊郎（1966- ）的《緒方：野趣和料理》（緒方　野趣と料理）一書撰寫的序言中提到「Less is More」。他引述的是巴薩諾瓦（bossa nova）之父 Antonio Carlos Jobim（1927-1994）對音樂理念的闡述——有時候音與音之間的空白才令一段旋律動人。所謂 Less is More 最初由現代建築大師 Ludwig Mies van der Rohe（1886-1969）提出，是對極簡主義的直白表達。

世間藝術皆有相通處，音樂如此、建築如是，好的烹飪自然亦可做到大道至簡。在這一點上，我深深同意坂本龍一的看法，緒方俊郎師傅的烹飪確實是對這理念最好的詮釋之一。

第一次拜訪緒方是在農曆正月裡。京都殘雪未化，寒風雖然凜冽，但已有些春氣象。去了這麼多次京都，第一次在冬日拜訪，別有一番風韻。西本願寺的梅花盛開，粉白添香，令色調低沉的古都多了一絲暖意。

緒方晚餐第一輪 4 點開始，是我吃過最早的晚餐（除了初音鮨奇特的 3 點下午茶時間……）。午飯吃完已近 3 點，急忙朝緒方走去。京都市內佈局工整，方便步行，也正好利用有限的時間消化一下。路上經過京都文化博物館，發現有威廉·特納（Joseph Mallord William Turner）的展覽，一看時間還有富餘，於是溜進去走馬觀花地看了一圈。待到緒方門口時，正是 4 點整。

門口已有華服濃妝的日本小姐姐在拍入場小視頻，今時今日不在餐廳門口拍個視頻發到 Instagram 似乎飯都要煮不熟。待得入座，主廚緒方俊郎出來問候，不卑不亢，親切又克制。時值冬末，緒方以河豚及鮑魚撐起整個菜單，兼顧貝類、白魚，以及冬季菜蔬；全程沒有使用接近捕撈季末期的間人蟹（京都丹後間人漁港所產的優質楚蟹）。

緒方的菜式並不屬直白易懂的一類，這一點在初訪時就已十分明顯。

譬如當日椀物竟然是一段粗壯的牛蒡半浮在出汁中，伴以蕪菁碎塊。從意象上而言，這道椀物頗有冬雪化去，樹根微露之美妙意境；但味道上卻不太好接受。緒方選用的是著名堀川牛蒡，並未去皮；牛蒡簡單焯水後，便與清酒、鹽以及出汁同蒸，最後置於佈滿蕪菁碎塊的出汁中。緒方的出汁本身非常清爽，鮮美卻不狎暱。但所選牛蒡較為粗壯，外層粉，內裡卻纖維感太重，因此顯得有些突兀。大概逐漸理解這道菜的意圖是我後來決定回訪緒方的關鍵點之一。

緒方當天對鮑魚的處理亦不是尋常的酒蒸手法，而是用水微煮，以幾乎全生狀態奉客。鮑魚肝醬亦不似別家餐廳混入其他配料調製，而是以鮑味極重的原始狀態獻上。鮑魚側緣較難咬，但肉質本身十分脆口。這個版本的鮑魚肝醬雖難說人見人愛，但我個人而言則喜歡這種鮑味更重的醬汁。據說主廚有時還會倒點清酒在盤子上，讓客人連同剩餘的肝醬飲用，或許在觀感上並不十分誘人……

相對而言，當天其他菜式較容易理解，緒方師傅極簡的料理理念一覽無餘。尤其尾段一碗透著淡淡日本香橙（柚子）氣息的溫熱鴨肉湯十割蕎麥（鴨南蛮蕎麦），暖心暖胃，正是冬日禦寒「良藥」。

在追求自然本真中保留必不可少的儀式感，是緒方料理的另一個顯著特點。比如雖然採用了割烹這一相對輕鬆的料理形式，但懷石料理的核心環節均有體現，而且緒方師傅十分注重對時節和風俗的把握。例如料理多以米飯開始，初訪時開篇是烤河豚白子配溫潤的稀飯，輔以少許鹽花，清爽而不寡淡，豐腴而不逾矩。這道菜在意象上亦有冬滋味，好比雪中尋蹤，清冷寂靜，又透出一絲希望。

初夏時拜訪，第一道菜也是米飯挑大樑。溫熱濕潤的米飯配上地芽，乍一看無法想像是什麼味道。山椒樹嫩芽（木の芽）中，飽滿、品質更優者稱為地芽，直接與米飯搭配十分少

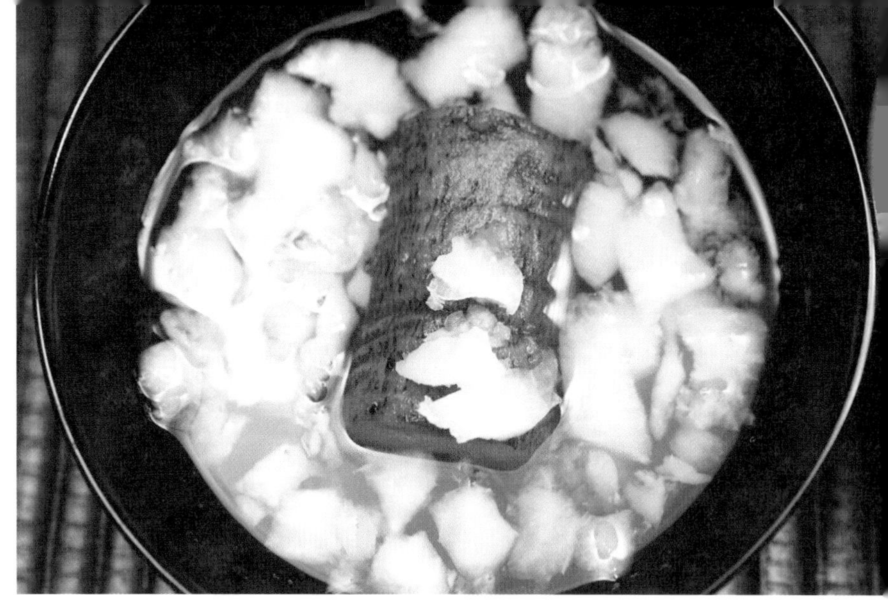

上｜充滿冬日意象的牛蒡蕪菁椀物

下｜鴨肉南蠻蕎麥麵

見。入口後發現米飯已經用醋和糖稍事調味，地芽的芬芳在與溫熱米飯混合後釋放出來，十分清新雅致。最後尾韻給舌尖帶來一絲淡淡的麻痹感。

2 月的緒方以狐狸面具遮蓋山口縣產的赤貝刺身呈上，盤後橫放雪松樹枝，體現出時令和本地習俗。京都人有在 2 月第一個午日前往稻荷山參拜的習俗。稻荷山上有供奉稻荷神的伏見稻荷大社，是各地稻荷神社的總本社。稻荷神並非單一神祇，是掌管穀物、食物的幾個神明的統稱。隨著商業社會的發展，這一原本具有顯著農耕文明特點的神明崇拜逐漸轉為祈福商業成功。其中主管食物的倉稻魂命（ウカノミタマノミコト）又名御饌津神（ミケツノカミ），「ケツ」古有「狐狸」的意思，久而久之狐狸便和稻荷神聯繫在一起了，神社中早期的狛犬都逐漸變成了狐狸。

碩大的赤貝在外形上已很驚人，入口竟無比清脆爽口，尾韻泛出淡淡甜味。赤貝的肝亦有其他餐廳利用，不過多經烤製，而在緒方，則以刺身形式奉上，貝味甚濃。

當天結尾的和菓子是椿餅，是冬春之際茶席常用的菓子，亦是守制的體現。椿餅下墊竹葉，上蓋山茶葉（椿葉），以浸水蒸熟曬乾後的碎糯米粉（道明寺粉）製作。緒方的這一版本綿密平衡，帶有淡淡肉桂香氣。

秋日和初夏去，菓子就分別變為了萩餅和葛餅。萩餅者乃春秋分兩時節掃墓祭祖供奉用的菓子，內部為糯米，外部則是紅豆泥。萩餅有趣的是隨著季節變換它的名字也發生變化，胡枝子花（萩花）開時稱萩餅，牡丹花開稱牡丹餅。緒方師傅還

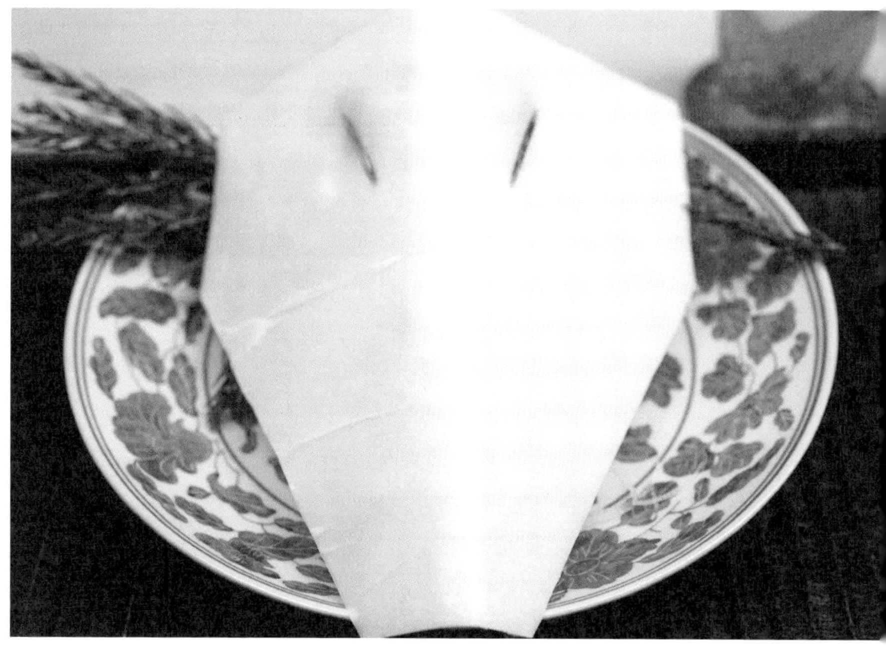

上｜地芽飯

下｜狐狸面具下面藏著赤貝

為我們解釋了這一有趣的文化現象。

初夏的葛餅略微烤製，吃進去淡雅順滑，十分惹味。搭配葛餅的是菖蒲茶，菖蒲是初夏端午時節的重要植物，他處多僅以菖蒲為時令裝飾，以此入饌的尚屬第一次遇到。緒方將洗淨的菖蒲浸泡在滾水裡，泡出來的汁水便是菖蒲茶了。倒在小酒杯裡令香氣更為集中，淺黃色的茶湯看似無力，實則既香且透著甜味。緒方的和菓子製作精良，且因時而變，既符合傳統的儀制，又不顯得無聊。

每次拜訪緒方難免心頭有些疑問，但礙於日語太差，難以瞭解透徹。比如初春的炸銀魚（白魚）做成一個圓形，而其他店多為一束。緒方在他的書中說，銀魚平鋪於吸油紙上，滑入油鍋油炸，中間便會凸起。不過當天吃的銀魚中間並未凸出太多，只是形狀上組成了一個圓形。後來聽說有人問了為何把銀魚炸成一個圓餅，緒方說沒什麼特別原因。看來美食家們不可一廂情願地以為主廚的每個動作都有明確的含義。作為普通食客只需要感受整體用餐體驗的流暢和舒適即可，無需做太多技術判斷。

初訪後覺得似乎沒有坊間說的如此驚豔，但回想細節卻有些十分有趣之處。其粗細一體、難易相合，看似原始，實則精準而充滿技巧的料理，令我覺得必須再訪幾次才能充分領略。

大半年後再次走進膏藥辻子這條小街，又多了些新的感受和想法。小街不起眼，說起來卻也頗有些典故可循。膏藥辻子為何名喚膏藥，也是個曲折的故事。平將門之亂（939-940）平息後，據說平將門（903-940）的首級曾被懸掛此地示眾，後因怨靈不散，擾亂民生，高僧空也上人（903-972）在此開道場供奉怨靈，人稱空也供養（Kuuya-kuyou）。「空也供養」四字後來以訛傳訛成了「膏藥」（kouyaku），據說這就是膏藥辻子名字的來源。

時值秋日，京都暑氣漸消，至晨晚已有少許涼意。膏藥辻子背陰，日中已顯陰涼。緒方的玄關為迎賓修整之處，賓客在此將外套或包袋交予學徒，因此這個空間亦是進入餐室前賓客駐足較久的地方。緒方會在這裡因四季時令轉換而擺設不同的裝飾，甚至在 6 月去晦除厄時放置茅輪，我未在大祓之時去過緒方，不知道是否賓客都要進行穿行茅輪（茅の輪潜り）儀式後才能進去用餐？

緒方的空間設計有一種空靈的美感，除了吧枱的八個座位外，還有一個包廂。他認為不單空間、光線會對食客產生影響，就連建築縫隙中穿梭的氣流和風聲都會和料理有機互動，成為食客完整用餐體驗不可或缺的一環。

第二次去時發現室內牆色由土色轉赭色，據說是因為開店十周年而重塗牆面。不經意間細節已從眼鼻耳舌全方位滲入食客的心靈，這就是緒方俊郎對用餐體驗不動聲色的把控。當天整餐飯體驗出奇得好，以至於我們決定以後來京都便要拜訪緒方。秋季的松茸和海鰻以各種形式登場，配合河鰻、鯛魚、鱉、鱒魚籽、無花果和栗子等其他食材，構建出一副少即是多的秋日畫作。

秋日之景雖多寂寥凋零，但在物產上卻是豐收的季節。開場緒方師傅捧出一個蓋滿枯焦松針和松果的大盆子，食客面面相覷，不知裡面是何物。扒開松針發現竟是一包包用油紙包裹的炸松茸。每人一份，打開油紙一股幽香傳來。和歌山產的松茸裹以薄麵糊高溫油炸，外層酥脆，內裡多汁軟嫩，是簡單卻精準的料理方式。

松茸首尾呼應，最後的主食是濕潤綿密、鮮味突出的松茸飯。緒方的米飯向來做得好，煮至水分將收未收之際，出鍋時潤而不稀、軟而不爛。將切絲的新鮮松茸倒入，充分攪拌，令米飯餘溫激發松茸香氣，驅走生菌澀味，鮮美至極。

當日的椀物又非尋常套路，秋日大部分割烹店都做松茸海鰻煮物椀，緒方的椀物則打破了食客的習慣性思維。首先湯底是鱉湯而非一般出汁，配以菊花花瓣和順滑的蛋花。一入口鮮美清香貫通口鼻，舌齒於若有若無間感受秋日的溫潤清雅。喝完這一椀物，通體舒暢，胃口亦打開了。這時緒方師傅抓著一隻大鱉出來給我們展示原料，當天用的是一樣規格的鱉，個頭大，皮脂厚，不但做湯，烤製來吃想必也是美味。

緒方會在每個季節選擇幾樣主幹食材，然後將其充分利用，而不是走馬觀花式的食材大展覽。譬如秋季的海鰻（鱧）與河鰻（鰻）他用不同手法處理，分別呈現在了幾道菜中。不同於傳統海鰻骨切法，緒方運刀時稍有傾斜，落刀盡可能減小切入的橫截面，這樣處理的海鰻入口有一種蓬鬆空氣感。處理好的海鰻先以刺身形式上桌，配以他處較少奉客的海鰻魚泡（浮き袋），海鰻肉質鮮嫩彈牙，魚泡則極有嚼勁，是兩種對比顯著的口感。

之後以涮鍋方式處理海鰻，碗內以岩褐藻（岩モズク）墊

上｜炸銀魚

下｜炸松茸

底，配以少許清湯，蘸汁則以酸汁（ポン酢）、醬油及山椒油混合而成。海藻與海鰻同為海洋生長，如今彙聚在一碗之中，是非常有趣的組合。兩者的味道互相激發，更添風味。

而個頭巨大的野生琵琶湖淡水鰻則上漿油炸，以紫蘇葉包著吃。那種一入口汁水飽滿的幸福感令人一吃難忘，而紫蘇葉正好平衡肉質豐腴、味道濃重的河鰻。

這一將標誌性季節食材發揮到極致的理念亦體現在刺身菜式上。夏季的日本鬼鮋（虎魚）刺身將其肉、外皮、內皮、肝臟以及胃部一同呈現，讓食客細細品嘗日本鬼鮋不同部位的口感和味道。秋季的海鰻刺身和冬季的河豚刺身配白子酸汁亦是這樣的理念，我拜訪的幾次均未見到雜亂的混合刺身拼盤。

對於緒方的喜愛是隨著一次次拜訪而加深的。他不僅懂得如何烹飪美味菜餚，更具有卓絕審美。說烹飪技巧自然繞不開他的修業經歷，但說審美則與其自身的修為緊密相關。

緒方俊郎乃廣島人，20 歲起開始學習烹飪。他曾修業於著名的旅館柊家及料亭室町和久傳。他在和久傳工作長達 13 年之久，從學徒一步步升任料理長。13 年中，他不斷磨練自己的技藝，並對每日所做的工作進行了深刻的思考。不似如今年輕廚師稍有修行便早早獨立開店，緒方一直到過了不惑之年才決定獨立。2008 年他以自己姓氏為店名，在膏藥辻子中開設了這家餐廳。

緒方的料理雖然受和久傳一系的影響，但他對自然與烹飪的理解則有許多個人特色在其中。他認真觀察每種食材，從它們的生長環境開始，因為土壤、空氣、陽光、水分等等都會和食材產生互動，並在食材裡留存印記。他一直以來致力於充分瞭解食材的五味特點，再決定用哪一種烹飪手段來突出其某一方面的特質。

在這一理念的指導下，許多看似普通的食材都挑起了大樑。比如洋蔥常為輔料，但緒方就偏偏要讓它做主角。初夏訪問時，打開漆椀，發現當天椀物竟然是一片碩大的洋蔥。洋蔥經過細心烹煮，毫無辛辣味；口感上並不是長久烹煮的那種軟爛感，而是保留了少許脆度；湯以出汁為底，配以少許鮮味更突出的鱉湯；上桌前加入少許鹽、清酒和新鮮薑汁以增添層次感。食客第一次吃這道椀物時一定大跌眼鏡，如此平凡的洋蔥竟擔起椀物重任；但咬下第一口時，想必預設的立場都將轉變，這片洋蔥在緒方的處理下有了主角光芒。

一般而言，鰹魚常以煙燻烤製處理，緒方則將兩個過程分離。厚切的鰹魚經過烤製後不過冰水，直接溫熱上桌。鰹魚的煙燻味道則由其上方擺置的鰹魚脆片提供，將原本一塊魚肉上展現的兩種味道分解為兩部分，令食客更好地體會鰹魚的美妙處。

再如日本無花果配以芝麻味噌，普通不過的一道過渡菜，卻讓人吃出不同層次。石垣貝配天草的赤海膽（赤雲丹），看似食材堆砌，卻以貝的清雅配赤海膽的濃郁，一重一輕，搭配平衡。這幾道菜都是用極其簡單的烹飪去凸顯食材原本就非常明確的味覺特點，不做過多的人為干預。

說到審美，不僅體現在菜品上，前面所說的餐廳空間設置、插花、庭院佈置以及光線調整都體現出緒方極佳的審美；而簡潔明確的掛軸亦體現出他高雅的審美情操。緒方師傅的毛

上｜琵琶湖鰻魚

下｜洋蔥椀物

筆字也寫得好，這亦是其自身修養的體現。

最近幾年京都的料理版圖發生了巨大的變化。傳統名店雖然屹立不倒，但多數淪為固守陳規的遊客打卡地。一些在名店修業日久，獨立開店的主廚逐漸成為食客追捧的對象。這些主廚大部分都將傳統料亭的儀式感降低，突出了個人對於烹飪的理解。形式上自然以板前割烹為主，菜品風格上則因人而異，不一而足。一些主廚擺脫了傳統料亭嚴肅沉悶的氣質，開始以活潑熱情的姿態迎接來千年古都品嘗和食的食客。即便是文化底蘊深厚的京都，似乎也多了不少社交型主廚。

如此大環境下，緒方俊郎可謂是其中一股清流。他不屬拒人於千里之外的類型，但接待和交談都保持著恰當的距離，讓用餐的氛圍鬆弛有度，不至於喧賓奪主，把食物冷落到了一邊。在緒方用餐，主角永遠是菜品和食材本身，客人不會被其他無關緊要的閒談分散注意力。

緒方俊郎的注意力則永遠在烹飪上，無論春夏秋冬，都一直致力於將食材中最美好的味道挖掘出來。這種寵辱不驚的心態，大概就是「回首向來蕭瑟處，歸去，也無風雨也無晴」吧？

註

1　本篇寫作於 2019 年 9 月，基於多次拜訪；修訂於 2023 年 6 月。

比良山荘

滋賀

SHIGA

不辭山行三百里，只為魚肥松茸香

比良山莊[1]

比良山莊讓我領略到近畿地方的豐富物產，亦拓寬了我的視野，一掃多日來的審美疲勞。

若說我國有何好餐廳地處偏遠，值得駕車上百里、繞山逆水前往的，我一時半會兒真想不出來。偏遠之處或許有自然美景、獨特物產，但卻無精通一地物產並將其充分運用起來的廚匠，於是最多只有些農家樂之類的去處。食材的好處未能得到釋放，而農家樂本身也不可能成為所謂的「目的地餐廳」。

但放眼全世界，卻有不少好餐廳都選擇在偏僻處經營，讓意圖前往的食客非常糾結：路途上耗費大量精力和時間後，萬一體驗低於預期，會讓人加倍遺憾和悔恨，畢竟前期的沉沒成本巨大。不提他國，單說日本便有不少這樣的神奇餐廳。它們大隱隱於山川河流間，並不在繁華鬧市立業，食客口口相傳，惹得人十分好奇，卻又要下些決心才能前往。

比良山莊和柳家可以說是這類餐廳（料理旅館）中的代表了，但今日不提柳家，只說這滋賀縣大津市的比良山莊。比良山莊從性質上而言，其實是與美山莊一樣的料理旅館，只不過在住宿條件上美山莊要勝出不少。加之比良山莊房間很少，因此大部分食客都選擇只在此吃飯，他們多以京都做中轉站，或自駕或僱車或打車，也有苦行僧般利用公共交通前來的。在路上花費這許多精力便是要來比良山莊一嘗山邊的料理。

一開始預約的時候，本打算住宿一晚體驗山居生活，但安排行程後發現午餐時間更好調度，於是便打消了住宿的念頭。在我每年數次日本之行中，總會有一次較長時間的旅行，一般安排在秋季，正好是物產豐富、氣候乾爽的好時節。去年秋季的日本之行長達半個月，W 小姐假期有限，到旅途中段便從大阪回國，後續的美食之旅由我的發小 Q 先生接上。

Q 先生一直嚷著要去日本體驗各式餐廳，但苦於缺乏經驗，外加懶癌日深，便一直沒有正正經經去日本吃過。這次我正好可以帶他在京都和東京吃一圈。又考慮到比良山莊要開車前往，而 Q 先生是多年老司機，正是合適的飯搭子。

由於日本是右舵國家，Q 先生從未開過右舵，於是在關西空港到大阪瑞吉酒店的路上，他十分勤勞地讓接機司機做了回乘客，接機費照付，可以說是十分靠譜了。這也是我第一次在日本租車自駕遊，我們的計劃是大阪租車（提車點其實在兵庫縣境內）前往比良山莊，之後便直接去京都，第二天從京都開車去招福樓本店，回來後在京都還車。比良山莊距離大阪 100 多公里，之後回京都還有 40 公里左右，合起來便是整整 300 里路（150 公里多），為了一頓飯確實可謂不辭辛苦了。

原以為下了名神高速到得琵琶湖邊就能欣賞湖光山色了，誰知道一路上不是高速便是國道，連琵琶湖的影子都沒見到。高速上只見到些車速頗快的摩托黨，以及形同虛設的限速牌。為了讓 Q 先生不至於睡著，我便一路都與他扯些有的沒的，也正好向他介紹了下比良山莊的背景。

在日本眾多歷史悠久的餐廳中，比良山莊並不以老牌著稱。1959 年開業時它只是一家給登山客提供住宿和簡單料理的旅館，由於地理位置優越，處於比良山系登山口旁邊，生意慢慢好了起來。在幾十年的經營中，比良山莊逐漸從一家登山旅館轉變成了料理旅館，這與周圍山河之中豐富的物產分不開關係。但是真正讓比良山莊名滿日本的是目前的主廚兼店東——三代目伊藤剛治（1970- ）。

伊藤剛治出生時，比良山莊已經是一家料理旅館，子承父業在日本是十分自然的邏輯。他在料理學校畢業後，前往京都的料亭進一步磨煉京料理技法。由於父親早逝，他 28 歲時便回到自家旅館擔任起主廚，與母親一起將比良山莊繼續經營下去。

在 20 年的經營中，伊藤剛治充分利用了比良山莊卓絕的地理位置，將四季物產的流轉變化，通過料理呈現在了食客面前。春季有花山椒、竹筍、獨活、蕨菜等各色山野菜；夏季有安曇川的香魚（鮎），從稚香魚開始，每月都有不同風采；秋季京都洛北的優質松茸，還有各色鮮美的菌菇和肥美的抱籽香魚（子持ち鮎）；冬季有野生的熊肉和野豬肉。所有食材都來自大山河流，並無海味。

有些食材看似易得，其實需要費盡心思去找尋，也需要十分扎實的動植物學知識，才能保證野菜野菇的食用安全性。青山綠水的自然生態需要花費大量精力去維護，為了實現經營的可持續性，伊藤剛治為比良山莊建立了良好的貨源網絡，與獵戶、漁夫建立了互相信任的合作關係，從最優秀的食材到最適當的料理方式，讓食材的生命得到完整的延續和最大限度的擴展。

一切看似鄉土和原始，其實背後都是現代化的科學管理。為了表彰伊藤剛治的貢獻，日本農林水產省 2011 年授予了他「料理大師」（料理マスターズ）的稱號。該獎項自 2010 年開始頒發，伊藤剛治是第二批獲得此稱號的廚師之一。

但再多的背景知識也都是道聽途說，唯有真正坐在比良山莊裡品嘗美食，才能給出一個自己的判斷。

談笑間下了高速、出了國道，便看到了路邊比良山莊的指示牌，近兩個小時的車程並不煩悶，而且一路通衢，開車也無太大難度。我們到達比良山莊時，離預約時間還有半小時，停車場邊是個地主神社，左手邊則是登山口，我們打算去登山口附近走走。

10 月正是秋高氣爽時，比良山莊周圍崇山峻嶺，參天古樹密佈，小河山澗，潺潺溪水流淌。松柏檜木蒼翠欲滴，柿子樹上果子紅中帶綠，山林中偶有鳥兒飛過，傳來一陣清啼。真是令人心情舒暢之景，如此山居生活對於現代人而言確實有不

比良山莊旁邊的登山口景色

小的魅力。當然僅限短住，久留便容易煩悶。

登山口立有「琵琶湖百八靈場」和「近畿三十六不動尊靈場」兩塊木牌，此處便是安曇山天台宗葛川明王院的所在了。所謂「三十六靈場」是指關西一帶三十六個密宗供奉不動明王的靈場，其各選名山依傍，分佈在大阪、兵庫、奈良、京都、滋賀及和歌山各地。不動明王有三十六童子，故取 36 之數，也包含了巡遊三十六寺消除人間煩惱之意。

再行幾步便是登山道了，我們不願爬坡，於是折返，預約的時間也差不多到了。女將在門口歡迎我們，脫鞋後由一位英語不錯的仲居小姐姐帶領我們去用餐個室。觀察了一下周圍的細節，在鄉野民宿的外表下，比良山莊的設備細節都非常現代化。原先個室都是傳統的榻榻米席，2012 年起新增了桌椅，使不慣於或不便於席地而坐的客人也可安心享用美食。

中秋時節，白日氣溫依舊不低，剛進入個室時還覺得有些悶熱，窗外雖有庭院景致，但還有些施工跡象，並不美觀。相對著名料亭而言，在用餐環境上比良山莊並無優勢。

入座之後稍事休息，仲居奉上山莊自製的茶。初入口有淡淡香氣，似苦蕎，但又不一樣。詢問後方知是魚腥草（ドクダミ）烘製而成的茶，由於魚腥草加熱後腥味便消退，因此完全喝不出一絲腥氣，只有淡淡清香。

伊藤剛治的料理手法融合了當地的鄉土料理和京料理的特色，但在儀制上與懷石大不相同，第一道上的是八寸，其實便是各色季節性小菜的拼盤。這些小菜也與都市料亭吃到的很不同。首先如前文所述，無海產品，其次頗有鄉土特色，令人眼前一亮。

八寸中多是應季的山野菜蔬和各色菌菇，還有些河魚野味。舞茸配菊花讓人在視覺上便感知到秋日的到來；一小塊甘煮的松茸為後續的松茸大餐做了鋪墊，也是秋日重要食材的展示；莢果蕨嫩芽（コゴミ）做的押壽司配以檸檬汁，清新開胃，令人食欲大開。

兩根松針分別插著白果（銀杏）和零餘子，這零餘子，中文又叫薯蕷果，為薯蕷植物葉腋間的珠芽，因此有些地方的俗名又叫山藥豆。小巧玲瓏，吃著是薯蕷的味道，但口感更爽脆，粉感相對低些，是夏末秋初的時令。而日本薯蕷（山芋，乃一種野山藥）用黃身燒的辦法處理，薯蕷順滑口感配蛋黃的香氣，使兩者的美味都翻倍。

菜蔬之外，也有幾樣野味。炭烤的鹿肉軟嫩多汁；油炸的春子香酥開胃。春子是石川馬蘇大馬哈魚（皐月鱒）的幼魚。這種大馬哈魚本身為櫻鱒的亞種，但並不是所有石川馬蘇大馬哈魚的幼魚都可稱為春子，唯有完全生活在河流中的陸封型品種的幼魚才是春子，而成年體則叫做雨子（アマゴ，漢字名又可叫天魚、甘子等等）。

八寸中最特別的應該數料亭極少提供的熟壽司（熟れ鮨 / 馴れ鮨），這是壽司的古早形態，也是滋賀縣琵琶湖一帶的特產。比良山莊雖不如德山鮓般精研發酵壽司，但八寸中一直都保留有這古早一味。

我們吃到的是抱籽香魚熟壽司，經過發酵，香魚肉已經極度軟化，魚肉魚籽交纏一起，在口中隨著極重的酸味和鹹味散開，雖然透著淡淡的不雅之味，但尾韻卻令人回味，讓人想起永樂魚醬。我對於醃漬發酵食物接受度很廣，而同鄉 Q 先生卻皺起了眉頭。原來他連家鄉的徽莧菜梗和徽千張都消受不了，自然對熟壽司退而遠之了。

吃完八寸後，大將和女將進來展示和介紹了本餐會吃到的各種菌類。有香氣宜人的洛北松茸，還有野生舞茸、油口蘑（キシメジ，日語亦寫作「黃占地」）、金針菇（榎茸）、叢枝瑚菌（ホウキタケ）和姬菇（山しめじ）等。秋天的比良山莊真是菌類的主場啊，當然各色野味河魚也是必不可少的主角。

上｜左上角的即為深度發酵的熟壽司

下｜當日吃到的菌類

展示完菌菇後，刺身上桌了。乍一看以為是海鰻（鱧）霜造，仲居介紹後才想起來，比良山莊是不用海產的。這看似海鰻的其實是河鰻刺身（鰻の焼き霜造り），處理之後的樣子雖然像海鰻，但口感截然不同。河鰻雖是浙東地區十分常見的食材，但生吃我卻也是第一回。一嘗，完全沒有土腥味，配以簡單的山葵和醬油後，只留有細嫩的肉質和清雅的鮮味。

而另一款肉質粉紅細嫩的是鯉魚刺身，據說為了去除河鯉身上的土腥味，比良山莊會將捕獲的野生鯉魚養殖很長時間。處理刺身時用的是洗膾（洗い）法，用溫熱流水沖洗魚身去除異味和脂肪後，用冷水浸泡。經過處理的鯉魚肉質彈牙，除了淡淡的甜味毫無異味，配以傳統的醋味噌別有一番風味。

與刺身搭配的是季節性菜蔬花朵，有少許醃漬過的菊花、新鮮蘘荷（茗荷）和落葵（蔓紫）。三種配菜各自的味道都很有個性，與鯉魚和河鰻刺身相結合，完成了一幅多彩的秋日圖景。

秋日多數料亭都會奉上松茸和海鰻的椀物，幾乎成為一種季節套路，但比良山莊不用海產，與松茸相配的是岩魚，配菜則是白果。所謂岩魚是一種陸封型的遠東紅點鮭，正是秋季應季食材。松茸與岩魚同煮後，湯色金黃，鮮味突出；松茸香氣足，與岩魚淡淡的脂肪香氣糾纏在一起，形成一種獨特的嗅覺體驗；而魚肉則十分軟嫩。這土瓶蒸原味好喝，配上少許醋橘汁更有新的一層味道。

抱籽香魚是夏末秋初非常典型的食材，舉凡 9、10 月間訪日，總能吃到抱籽香魚。雖然有北大路魯山人（1883-1959）

上｜河鰻及鯉魚刺身

下｜鹽烤抱籽香魚

的鄙夷之詞在前，但也絲毫不能阻擋人們對抱籽香魚的熱愛。香魚月長一寸，月月皆有不同的風味，對我而言優質的香魚可以說是百吃不厭的。

不過在吃過無數的抱籽香魚後，總覺得有些審美疲勞。抱籽香魚雖有肥美的魚籽和相較稚香魚更為厚實的魚肉，卻沒有稚香魚這麼層次豐富的味道。一次旅行中，吃多了便覺得沒什麼趣味，本來對比良山莊的抱籽香魚也無太多期待，沒想到一入口卻驚為天人。

當日的香魚來自安曇川。安曇川發源於京都左京區丹波高地的百井山口（百井峠），後流經滋賀縣，在高島市匯入琵琶湖。作為著名的香魚產區，琵琶湖的香魚美名遠揚，但偌大流域內的香魚亦有差別，需要精挑細選方能展現出食材之美。

伊藤主廚所選的香魚個頭適中，魚籽飽滿，經過鹽烤後，香氣撲鼻，體態優美，魚皮緊緻，上桌時便讓人垂涎欲滴。一入口，發現每個部位炭烤的溫度和時間把握得十分精準，頭部酥脆，魚肉鮮嫩多汁，魚籽彈牙；配以新鮮蓼醋，非常美味。

比良山莊的抱籽香魚讓我真正明白為何這個季節的香魚依然可以視為上品，並非單純的旬物而已。此處的抱籽香魚苦味較淡，回甘明顯，兩條下肚依舊讓人欲罷不能。絕美的食材配以恰到好處的手法，造就了我至今為止印象最深的抱籽香魚料理。

幸好除了兩條鹽烤的外，後面還有一條醬油烤的，算是返場，也讓賓客領略到不同做法的風味。

吃完鹽烤的抱籽香魚後，學徒搬來一個大炭爐，一臉和氣

主廚伊藤剛治正在
為我們烤製松茸

的伊藤主廚也進到個室中，準備為我們現場烤製松茸和丹波栗了。這麼個大炭爐使得個室氣溫陡增，主人賓客的面龐都熱得紅了。不過美味當前，在慢慢飄散開來的松茸香味中，悶熱感似乎都不復存在了。與松茸一起烤製的還有金茸和丹波栗，丹波栗較大，肉質厚實，需要烤製較長時間，因此在烤製松茸和金茸的時候，丹波栗一直待在烤爐上。

比良山莊的松茸給得十分慷慨，不計前前後後諸多菜式中都出現的松茸，單說這烤松茸便是一人一大根。第一個半根的頭部烤得略為乾身了，也許主廚與我們聊天太密，有些疏忽了。不過菌杆依舊十分鮮甜多汁，後半根則烤得十分出色。

在烤製前先用刀在菌杆尾部切出許多小開口，烤完後便可以十分便利地撕著吃了，這也是烤松茸的一個小技巧。剛烤好的松茸，一撕開熱氣奔騰，原先封在裡面的香氣一下子透了出來，還有些許汁水流出，極其誘人。

而作為松茸副產品的金茸亦讓人驚喜，烤製之後的金茸汁水極多，入口爽脆，配上少許醋橘汁，鮮味得到激發和昇華，根本吃不夠。不過期待了半天的丹波栗卻有些令人失望，雖然個頭大，卻十分乾燥，粉感較強，吃進去沒水分不說，連甜味都若有若無，要說它淡雅都顯得牽強。

吃完松茸大餐後，炭爐撤去，個室才顯得不十分悶熱。仲居拿來一個開了口的雞蛋，乍一看讓人想起國內鐵板燒店常有的鵝肝雞蛋伎倆——只看外表是絕對猜不出雞蛋裡面的乾坤的。Q先生比我心急，一勺子下去，不管三七二十一先往嘴裡送，結果皺起了眉頭，說不知道溫泉蛋上面放的是什麼，鹹且有腥味。仲居笑著說溫泉蛋配的是醃漬過的香魚內臟，日語叫做潤香（うるか），名字十分好聽。顯然Q先生沒怎麼接觸過鹽漬水產內臟（塩辛）類的小菜，沒有心理準備。

在我看來，味道細膩的溫泉蛋，配以相對強勢的香魚內臟是一種輕重相間的搭配，由於醃漬過的魚內臟有少許腥味，因此主廚以青檸皮增香，在嗅覺上也起到了平衡。香魚腸十分滑嫩，鹹味過後便是濃郁的鮮味，配以軟滑的溫泉蛋正好做一齣幕間的小品，讓食客稍事休息，迎接下面的菜式。

之後登場的便是之前提過的醬油烤抱籽香魚，配以醃漬過的蟒蛇草（ウワバミソウ）莖。雖然醬油的香氣十分宜人，但香魚自身的韻味被遮蓋了大半，我更喜歡鹽烤的處理。不過依然要感歎，比良山莊的抱籽香魚實在惹人喜愛。

御飯之前是一道簡單的甲魚（鼈）湯煮熊肉，配上了少許薑絲，既可提香又可去腥。甲魚湯鮮美自不用說，熊肉才是其中最吸引我的。由於自然環境保護得當，日本的本州和四國島有相對豐富的野生亞洲黑熊資源，由於亞洲黑熊胸前有V字白色斑紋，形似月牙，因此又被稱為「月牙熊」（月の輪熊），而比良山莊冬季的著名菜式便有一味「月鍋」。不過中秋時節，還未到熊肉最為肥美的時節，因此只有這驚鴻一瞥。

由於是第一次接觸熊肉，我自然十分好奇，看著肥肉比例極高的熊肉，實在難以揣摩它真實的味道。不過還未入口，我便被獨特的香氣征服了——那是一種全然不同於我熟知的肉類的香氣。待一嘗，更是十分難忘，那脂肪看著油膩不堪，其實爽脆鮮香，全然不像豬肉或牛肉的肥油。可惜只有少少幾口，意猶未盡如何是好？於是計劃冬日時候再拜訪比良山莊，要在白雪遍野的時節，品嘗一下著名的「月鍋」。

秋日的菜單中，松茸和抱籽香魚是絕對的主角，御飯裡香魚和松茸同烹，創造出令人印象深刻的秋日主食。抱籽香魚和松茸固然妙，但給這御飯畫龍點睛的卻是少許川海苔（カワノリ）和極少量的山椒。川海苔顧名思義生長在淡水河川中，產量稀少，有著淡淡的清香，又與海苔的味道不同，於我而言又是初次體驗。山椒清新的味道平衡了抱籽香魚的肥美和松茸的濃重味道，使食客既可以享受豐盛的主食，又不至於感覺膩煩。

與御飯相配的味噌湯乃以鯉魚皮入饌，配以少許醋橘皮調味，營造出一種清新的味道。鯉魚皮與刺身中的鯉魚肉呼應，菜單各個部分緊緊圍繞當季物產，在細節上形成完整的烹飪邏輯。

秋日的甜品總逃不出栗子的套路，比良山莊以黑糖栗子葛團（葛饅頭）作為甜品，裡面還有百合根，是傳統的味道。但我並不十分喜歡，在一頓豐盛的秋日大餐之後，這個甜品顯得有點不合時宜得甜膩。

午飯結束已經3點多，結帳走人，大將送了我一本奧谷仁和佐藤明子（さとうあきこ）寫的《比良山莊的一年——京都山裡的隱世宿處》（比良山荘の一年　京の山里かくれ宿）。十年前寫的書，現在看也不過時。四季依舊輪轉，比良山莊也依舊按時令烹飪出美味的鄉土料理招待食客，即便每年的菜式在細節上有所調整，但順應天時、善用地利的理念從未更改。

若說比良山莊是完全的鄉土料理則有些想當然了，伊藤剛治接受過完整的日本料理訓練，亦掌握熟練的京料理技術。在他手裡，比良山莊的烹飪水平獲得了極大的提高，鄉土食材在他的處理下呈現出古拙與精緻的雙重性。充分保留合理的鄉土烹飪技法，通過現代烹飪工具和技術來提高祖輩菜式的精確性，是伊藤剛治所致力的一件事。

上｜甲魚湯煮的熊肉，彼時尚未開獵禁，此肉冷藏自去年。

下｜松茸香魚飯

用餐間歇上洗手間時路過了後廚，發現竟然是感應門，我路過時門便開了，匆匆往裡一望感覺十分現代化。學徒們有條不紊地進行著操作，若只這麼一看，恍惚間還以為是西餐廳的廚房。技術上的現代化和科學化，將極大促進傳統餐廳的服務效率和烹飪精準度。正如我開頭所談，這也是比良山莊獲得廣大食客認可的幕後原因之一吧。

由於吃得太飽不宜直接開車，於是我們在周圍又逛了一會兒。開車從大阪出發時我還擔心如此往返 300 里是否值得，現在這種擔心早已煙消雲散。比良山莊讓我領略到近畿地方的豐富物產，亦拓寬了我的視野，一掃多日來的審美疲勞。許多初次接觸的食材給我留下了深刻的印象。離開比良山莊時，我心裡盤算著的是下一次的拜訪……

去京都的路上雖有些狹窄的盤山路，但和往返美山莊的道路相比，實在是康莊大道。Q 先生開車十分穩當，不到一小時我們便已「上洛」。總以為比良山莊回京都的道路毫無危險之處，卻不想在冬日拜訪時遭遇了一次險情。不過這是後話了，以後細說。

註

1 寫作於 2018 年 4 月 20-26 日，5 月 3-5 日，寫作前拜訪於 2017 年 10 月午餐，筆者之後多次拜訪。另，比良山莊的午餐菜單與晚餐相同。

踏雪尋熊冬趣味，有驚無險比良嶽

比良山莊[1]

冬季的比良山莊呈現出在物產相對匱乏的寒冷季節，如何利用烹飪和儲存技術，讓餐桌變得豐盛；人與自然又如何在這番博弈中和諧共處。

去年 10 月初次拜訪比良山莊後，便念念不忘美味的抱籽香魚和松茸，以及那驚鴻一瞥的熊肉。正好今年正月裡有未在的預約，心想不如擴展幾日做個小長假，順便在冬日裡拜訪比良山莊，品嘗著名的熊肉鍋[2]。於是早早訂下了酒店住宿，讓禮賓前去預約，沒想到伊藤主廚說現在還早，不須提前那麼久。

果然得了「預約困難妄想症」，由於日本的名餐廳近幾年預約難度大幅增加，常想盡早約好，以免夜長夢多。但關西一帶的餐廳基本還遵守一定的公開預約規則，不需要一驚一乍，熟客全部佔滿坑的情況較東京而言，少之又少。即便如草喰なかひがし、飯田、富小路やま岸、緒方和未在等熱門餐廳，酒店禮賓亦有機會約到。當然亦有竹屋町三多、Acá之類相對難約的餐廳，但在比例上看是可以忽略不計的。

臨近年底讓酒店與伊藤主廚確定了預約，這次與W小姐及幾位朋友同去，一共五人，正好租一輛車前往。發小Q先生這次不參加，於是讓老司機鄧老師負責租車及開車事宜。鄧老師老成持重，駕齡不小，而其智商極高，自駕面臨的困難相信他都可一一解決，因此我便未再過問相關事宜。

轉眼新春佳節已過，正月的日本之行即將開始，約好的各位朋友已確定好抵日時間。我與W小姐在上海停留一晚後，一大早飛抵了大阪，未作停留直接去了京都，開始了與朋友們在京都東京的美食之行。

第三日一早鄧老師打點好車輛，我們一行人便出發了。正月的京都雖然比較寒冷，但積雪已化去，那幾日陽光明媚，頗有些早春風景。駛離市區後進入彎彎曲曲的山間公路，但道路空曠，車輛稀少，一路上十分順利。進入山區之後明顯感覺氣溫較市區低了許多，兩旁白雪皚皚，積雪覆蓋著山坡，道路兩旁亦有十分厚實的雪層。幸好我們待在車中，不需要忍受這山區的酷寒。

由於錯誤估計了京都到比良山莊的距離，我們一行人抵達時離預約的時間還有一個多小時。心想不可過早打攪店家，於是決定去看看雪中的登山口和佛寺。下了車發現比良山莊附近十分寒冷，大家衣著都不算厚實，我還穿了板鞋，並不能禦寒。上山的台階上積雪很厚，一不小心便容易滑倒，於是我們

冬日白雪皚皚的比良山莊

不再往上走，只在地主神社附近徘徊。等了 20 多分鐘後，忍受不了飢寒之感，於是跑去問店家可否讓我們先進去。

掀開暖簾拉開店門，迎接我們的是上次那位會英語的漂亮仲居。她一眼便認出我來，寒暄一番後，她熱情邀請我們進入包廂，先喝茶歇息，待廚房準備妥當後便開始用餐。若是在東京吃壽司，早到半小時我是萬萬不敢去拉店門的……日本各地民風之不同可見一斑。

我們一行五人在個室內落座，仲居便送上魚腥草茶。我已知這是何物，因此讓 W 小姐和幾位朋友猜，無人能把這淡雅的香氣與魚腥草聯繫在一起，這大概是食材加工的妙處所在，同一食材用不同處理方法可有天壤之別的效果。

閒聊一陣後，廚房已為我們準備好了八寸，照例這是第一道菜。冬季的八寸與秋季大不相同，為數不多保持一樣的菜式便是抱籽香魚的熟壽司。即便再次品嘗熟壽司，還是可以感受到那種強烈的衝擊力。酸味迅速佔據口腔，隨之而來的是魚肉與米飯交互發酵後產生的獨特氣味，還有尾韻濃重的鹹味，讓人來不及思考。與 Q 先生不同的是，這次一起前來的幾位朋友完全可以接受獨特的熟壽司。

正月裡乃冬末春初，滋賀的野菜已有供應。八寸中的蜂斗菜（蕗の薹）便是一種初春常見的食材。油炸後食用，非常美味。除了蜂斗菜，還有一種芥菜——わさび菜，接近浙東的雪裡蕻，有淡淡的辛辣味，十分清新開胃。還有冬季的蘿蔔，甜嫩多汁。

刺在松針上的是萵苣（チシャトウ）和黑川茸（クロカワ），萵苣小小一塊，而我又不知其日文名字，一嘗才知道原來仲居解釋半天的是萵苣。黑川茸軟滑，有淡淡香氣，本是秋季風物，生於松針地上，採摘後鹽漬保存可延時享用。將它插於松針上呈現，竟有「魂歸故里」的奇異意境……

河鮮兩款，一是鯉魚籽，以日本香橙（柚子）皮碎提香，一入口便覺食欲大開；琵琶鱒的魚籽以醬油醃漬保存，糯軟鮮香，魚籽外層還保持爽口，實在是美味。

琵琶鱒又叫雨之魚，是琵琶湖固有的陸封型鮭科魚，它外表與天魚（アマゴ，陸封型石川馬蘇大馬哈魚的成年個體）近似，但有細微區別；由於琵琶鱒形成陸封種已達十萬年之久，它徹底無法在海水中生存。至於為何叫雨之魚麼，則是因為秋雨降臨時，正是它產卵的季節，此魚成群結隊洄游進河，與秋雨一起成了滋賀縣的美妙景致之一。不過也有關於這個名字來歷的其他說法，在此不表。

除此之外還有鹿肉和荷包豆（紫花豆）。荷包豆有毒，需要徹底煮熟方可食用。味道平常，就此帶過。

八寸之後是刺身，照例是鯉魚和鰻魚，與秋季類似。熟悉的味道，時隔幾月再品嘗，又有些細微的不同。不同季節魚體的肉質和味道都呈現出難以描述的精妙變化，即便是同樣的魚也可以體會到季節的不同，從另一個角度講便是不變之中有萬變之理了。不過配菜已隨季節轉換，變為蘿蔔、番薯和紅心蘿蔔，冬季真是根莖的季節啊。

冬季自然不是香魚的舞台，登場的是琵琶湖特有的「本諸子」。「本諸子」這個名字乃日語名，一般簡稱為「諸子」，聽上去學富五車，實際上是種學名叫做暗色頜須鮈的小魚。頜須鮈屬有好幾個品種，在中國廣泛分佈，唯有這暗色頜須鮈乃日本特有。現在除了琵琶湖的野生種外，日本個別地區已有養殖種。

此魚春季產卵，冬季正是時令，雌魚腹部有大量魚卵，十分美味。通常的做法便是炭烤，鹽烤或白烤皆相宜。比良山莊的諸子肥嫩異常，一口下去，雌魚腹部顯露出飽滿的魚卵，較抱籽香魚的味道更為淡雅。比良山莊的鹽烤水平一如既往的到位，諸子配以二杯醋（即醋與醬油等比例調製）醃漬的蟒蛇草提味，令人直呼三尾不夠過癮。

上｜冬末春初的八寸

下｜琵琶湖本諸子

幾番前奏之後，月鍋終於要登場了。仲居挪開桌子上的擋板，露出爐坑，學徒抬來兩個圓形炭爐，炭火燃起，屋子裡更加暖和了；主廚進來與我們寒喧一番，聊了些閒話，後續的食材逐漸呈現在了桌子上。

最吸引眼球的是一大盤華麗的熊肉，薄切後鋪開，一圈圈圍繞，在中心攏成一個花心。窄窄的深紅色瘦肉，在白裡泛著米色的寬闊脂肪層對比下，顯得微不足道。未嘗熊肉者看到這高比例的脂肪想必心中要嘀咕一下，但實際的口感遠非隨意揣摩可以知道的。

比良山莊與各路供應商均維持著良好的合作關係，與捕熊獵人自然也不例外。比如山莊北邊朽木村的著名獵戶松原勳先生與伊藤主廚便維持著長期的合作關係。獵熊並不是簡單地將月牙熊獵殺，射擊部位對熊肉味道亦有影響。如果子彈射中腹部，腸子裡的氣體會蔓延到其他部位，熊肉就會有異味。松原勳說，他在獵殺熊或其他野味（如野豬及鹿等）時都懷著敬畏和感恩之心，因為這是為了口腹之欲去剝奪其他動物的生命。

優質熊肉是稀少的，是捕獵野豬和鹿時偶爾獲得的珍貴食材。每年 11 月中旬捕獵解禁後的一個半月內是最佳時機。這時候的亞洲黑熊為了過冬吃了許多山林中的堅果魚蟲，補充了養分，肉質最為肥美。但野生黑熊資源需要保護，不能竭澤而漁，每年捕獲的數量非常有限，與野豬和鹿相比，黑熊的數量屈指可數。

伊藤主廚購買熊肉都以整頭入貨，獵戶簡單處理後，便將熊整體送達比良山莊。主廚根據不同的部位切割保存，保證提供給客人的是最佳部位的最佳熊肉。月鍋所用的部位主要是背部到腹部環切的一圈肉，脂肪分佈也漸次增厚，從盤中的熊肉中可以看出切割部位的細微變化。另外比良山莊亦提供熊掌菜式，不過我們沒有預訂，感覺需要做些心理建設再來品嘗（日本許多中華料理店在冬季菜單中亦提供熊掌）。

與熊肉相配的是冬季中堅強的野菜，它們不懼嚴寒，在一片白茫茫中顯出翠綠，命運就是被摘來吃掉了。主要的有大蔥，分蔥白和蔥段；大葉茼蒿（菊菜），以及山芹菜。山芹菜是日本七草粥的七位主角之一，也是中國古代七菜羹的七種菜蔬之一。比良山莊把山芹的根洗得乾乾淨淨，與莖一併呈上，不知煮過是何味道。

月鍋的高湯呈淡棕色，是日本高湯（出汁）與壽喜燒汁混合而成的，這是第一輪煮食熊肉所用，後面食用野豬肉時會補充白味噌湯底。我們正忙著給熊肉和野菜拍照時，兩段雪白的蔥白已入湯底，待水沸騰開，主廚便開始為我們烹製月鍋了。

與月鍋相配的有香橙皮和山椒粉，可按照個人口味添加。不過我幾乎全程食用原味，只加了一點點香橙皮，雖有提香之功，但卻容易蓋過熊肉自身的異香。

主廚先以小塊熊肉試水，看溫度合適之後，便以蔥段與熊肉同煮。據說熊肉脂肪溶點較低，但常識而言天然脂肪乃混合甘油酯，無固定溶點，只能說近似生長階段的不同動物及不同生長階段的同一種動物可做對比。

熊肉不須久煮，在高湯中停留幾秒，肉色轉灰，脂肪成半透明狀態，即可食用。伊藤主廚為我們輪流涮製熊肉，我雖不是初次品嘗，但大快朵頤確實是第一次，真是過癮。W小姐和其他幾位朋友亦都大呼熊肉美味，無論是爽而不膩的脂肪，還是異香撲鼻的瘦肉都讓人覺得驚奇，大自然的饋贈妙不可言。

最先與熊肉同煮的是蔥段，比良山莊所選蔥段鮮嫩可口，肉質厚實，咬下去軟糯有汁。我本不能多吃蔥蒜，容易頭疼，但比良山莊的蔥雖有濃重香氣卻無辛辣不適感，一路吃了許多，最後也沒有頭疼。不過回京都的路上倒是發生了令人頭疼的事……

大葉茼蒿又與蔥段不同，是一種清新的香氣，與之相配，熊肉的味道又有了新一層的伴奏，與第一輪全然不同了。

幾輪之後，熊肉吃盡，高湯已留有熊肉的鮮香，於是主廚將山芹菜放入鍋中烹煮。細小的山芹菜其貌不揚，且留著長鬚根，讓人難以想像味道。沒想到煮完之後竟然如此獨特，首先根便不澀口，又軟又甜；莖更是清香爽口，平衡了熊肉濃郁的味道。

不知不覺月鍋已經吃完，雖想追加，但心想後續還有不少菜式，不可因為對一兩道菜的留戀而破壞了冬季菜單的完整性。自我克制亦是美食愛好者應該有的基本修為，當然鄧老師若一人前來，想必會追加一整頭熊……

月鍋之後是一道簡單的鹽烤熊肉，選的是脂肪相對較少的背部肉。口感較為清新，可作為下一道菜的過渡，也讓興奮的味蕾得到休息和調整。我們吃著烤熊肉的時候，仲居忙著給高湯加入白味噌湯。而後續要吃的野豬肉以及鹽漬雜菌也依次上桌了。

上｜尚未烹煮的熊肉片

下｜與熊肉相配的蔬菜

野豬肉的脂肪不及熊肉的細膩，質感和顏色都更為扎實。而與之相配的雜菌都乃秋天採摘，用鹽漬法保存，使得食客在嚴冬季節也有美味的菌菇可以品嘗。

主廚在鍋中加入新鮮蔥段與野豬肉同煮。野豬肉涮煮的時間較熊肉長一些，相較熊肉而言，野豬肉的個性較不明顯。或許這也是為什麼主廚要在高湯中加入濃郁的白味噌湯，蔥段、白味噌以及之前殘留的熊肉鮮香將野豬肉團團包圍，入口後竟不知野豬肉自身的個性何在，只覺得湯底濃郁，菌菇軟滑，蔥段鮮香……

野豬肉吃完後，鄧老師開始懷疑要吃不飽，沒想到後續的幾道主食如此生猛，連鄧老師都不想再提「追加」二字。

首先登場的是栃餅，是日本七葉樹（栃木）的果實栃實與糯米混合製成的一種餅。栃實看著像板栗，也像大一號的櫟木果實，但在植物學分類上與這兩位都不搭界。櫟木在我家鄉嵊州被用來製作夏日涼點柞子豆腐，是舊時夏天常見的小點心。

栃餅看似粗鄙，但製作程序非常複雜。從採摘果實開始，要經過幾輪浸泡、曝曬、烤製後，才能去皮，之後再浸泡數日，通過熬煮去除鹼液（灰汁）後，與糯米粉混合蒸製而成。栃餅的精貴處皆在其複雜的做工，而且每個步驟都有講究，尤其去除鹼液的步驟處理不好，就會影響栃餅的味道。

為了讓我們瞭解栃餅，仲居拿來了尚未加工處理過的栃實，不過外行看熱鬧，看了也不知道栃餅具體做法。主廚將栃餅投入尚有些蔥段和湯汁的鍋中，邊煮邊攪拌，很快栃餅便成了膠狀物質，也就可以食用了。與煮過熊肉、野豬肉且混入了白味噌的濃湯一起烹煮後，栃餅粥變得味道十分濃郁，久煮後的蔥段也吸收了湯汁中的味道，除了鹹味較重外，是非常有趣的一道菜。

隨後是與研磨後的日本薯蕷（山芋）泥同煮的米飯，最後的成品如同泡飯，但由於薯蕷滑溜溜的口感，給人一種喝粥的感覺。這道主食口感潤滑，味道濃郁，配以清淡的鹹菜和少許川海苔，讓人不知不覺吃多了。

比良山莊的冬季菜單以月鍋為主角，配以少許其他河鮮及野味，輔以野菜和越冬儲存的雜菌，道數少於秋天的菜單，不及秋季豐富。吃完薯蕷米飯後，冬季菜單到此便結束了。甜品是清爽的金桔雪葩，撒上木糖醇的山茶花葉模擬出冬雪蓋綠葉之意象，而雪葩則如同雪中山茶花（椿）一般綻放。

飯後結帳，與伊藤主廚聊了下這次旅行已拜訪及將要拜訪的幾家關西的餐廳。主廚送了我一本 2017 年《料理大師指南》（料理マスターズガイド），上面有他對料理的一些理念和想法，不過每位廚師的篇幅頗短，只能作為簡介來看。

告別主廚女將，還有可愛的仲居小姐姐後，我們打算駕車回京都稍事休息，晚餐各自分頭去吃。鄧老師選擇與荔枝小姐吃瓢亭，W 小姐和我則和剩下兩位朋友重訪有趣的草喰なかひがし。

出得餐廳再次感覺山中寒冷，急急鑽進車中，鄧老師一踩油門開啟了我們的「上洛」之旅。一路上大家熱烈討論著比良山莊的種種美味，並閒聊起各色話題。行至山路狹窄彎曲處，看兩邊渺無人煙，路邊積雪未化，天色有些陰沉，慶倖自己坐

上｜熊肉過後即是野豬肉

下｜煮好的枥餅

在車中。不過後來在路上險些發生嚴重交通事故，顧及當事人臉面，在此略去不述。出門在外，安全第一，切不可一時興起做些莽撞決定，否則一失足成千古恨！

不過比良山莊冬季美味的月鍋依舊是我們美好的回憶，相較秋季昂貴的松茸，熊肉可謂十分物美價廉，真讓我有年年拜訪的衝動。冬季的比良山莊呈現出在物產相對匱乏的寒冷季節，如何利用烹飪和儲存技術，讓餐桌變得豐盛；人與自然又如何在這番博弈中和諧共處。這是殺戮之後才有的美味，我們更應心存敬畏和感恩，如此才不辜負大自然對人類的饋贈。這也是比良山莊傳遞出來的料理哲學之一。

註

1 寫作於 2018 年 6 月 6、8 - 9 日，寫作前拜訪於 2018 年 2 月；修訂於 2023 年 6 月。
2 稱為月鍋，以亞洲黑熊肉入饌。至於為何叫做月鍋，之前一篇已提及，不再贅述。
3 Aca 已搬去東京，參看本書相關篇目。

附錄

香港日本料理簡史[1]

概論

狹義的日本料理指以精進料理和懷石料理為基礎演變而來的和食，注重四季變換和節慶寓意，有一整套嚴格的儀制和菜單編排邏輯。廣義的日本料理則包括所有日本起源或日本人日常食用的料理形式，包括傳統的和食；以壽司、天婦羅及鰻魚飯等為代表的江戶前料理；蕎麥麵、鍋料理等庶民料理；蛋包飯、日式咖喱等日式西洋料理、各地區的鄉土料理以及日本家庭料理等。在日本人認知中，一般將拉麵歸為中華料理。

在香港，人們習慣以廣義的「日本料理」指代一切來自日本的食物種類，包括但不限於以懷石、會席料理等為代表的和食、江戶前壽司、天婦羅、鰻魚飯、日式燒肉、鍋料理、烤雞肉串、日式咖喱飯、大阪炸串、關東煮等。日式中餐（中華料理）及日式西餐不納入本節內容中。在香港，一些日料品種為適應本地消費口味而本土化，但這些品種不能算作嚴格意義上的日本料理；一般市民亦將本屬中華料理的拉麵歸為廣義的日本料理，本節酌情收錄。

香港開埠未久，日本就解除海禁，港日貿易關係逐步建立。早期的日本僑民來港居留後，香港開始出現日式餐館和旅館，此乃香港日本料理的源頭。1902 年英國和日本簽訂《英日同盟》（*Anglo-Japanese Alliance*，1923 年 8 月 11 日失效），兩國關係升溫，港日貿易和人員往來增加，灣仔一帶有較多日本僑民聚居。但二戰前香港的日本料理發展較為有限，主要經營者均為在港日僑，而服務對象亦是日僑和訪港日本人。

1941 年 12 月 25 日至 1945 年 8 月 15 日香港淪陷時期，香港人口大跌、經濟停滯，餐飲業衰頽。雖為日佔時期，但日本料理並無顯著發展。香港重光後，反日情緒一度高漲，1952 年，港日關係始改善，日本駐香港總領事館重開，港日貿易關係逐步恢復，香港日本料理方有新發展。

隨著 1970 年代香港經濟發展，市民生活條件改善；而日本在 1978 年成為世界第二大經濟體，國際影響力顯著提升，日本文化一度風靡香港，香港的日本料理亦得到顯著發展。這一時期開始出現本地人投資經營的日本料理店。1997 年香港回歸後，隨著內地遊客逐漸增多，香港的日本料理隨著餐飲業的總體發展進一步發力，料理門類和餐廳類型逐漸豐富，並出現更多日本名店的分店及本土品牌。

一、二戰前香港的日本料理狀況

早期香港的日式餐廳由生活在港的日本僑民開設，二戰前香港的日式旅館亦由日本僑民開設，服務對象亦以在港日僑和訪港日本人為主。因此香港日本料理餐廳的興衰與在港日僑人數變化緊密相關。1858 年日本和美國簽訂《日美修好通商條約》，與美荷俄英法簽訂《安政條約》，正式解除海禁。日本商人開始出海貿易，港日經貿往來逐漸建立。

1873 年，日本在港設立領事館，即為現在香港日本國總領事館的前身。至 1880 年，記錄在港的日本僑民有近百人，其中 26 名男子和 60 名女子。早期來港的日本僑民主要為商人和從事色情行業的「唐行小姐」。至 1899 年，居留在港的日本人達 300 多人，之後穩步增長。

20 世紀前，日本人主要聚居於擺花街附近，1910 年代開始，灣仔逐漸成為第二次世界大戰前日本僑民在港的聚居區。1910 至 1920 年代，在港日僑人數平均每年在 1,500 人上下，1930 年代初增至 1,800 人；1931 年「九一八事變」後，香港反日情緒高漲，日本僑民大量撤走，局勢平穩後雖然日僑有所回流，但在第二次世界大戰前始終沒有超過 2,000 人。

最早在香港出現日本料理的途徑有四類，一為訪港日本人自身攜帶而來的食物；二為居港日僑家中的家庭料理以及日僑開設的雜貨舖中售賣的食品；三為日本領事館或領事官邸中的宴請料理；四為日僑開設的旅館提供的餐食。

在港日貿易關係建立之初，最早輸入香港的日本食物由訪港日本人攜帶而來，此乃香港日本料理輸入的開端之一。大橋乙羽（1869-1901）1900 年 4 月訪港時便自己帶了佃煮，這是一種以醬油煮小魚蝦、海苔之類而成的小菜。其他訪港的日本人亦有零星提及自日攜帶而來的食物，比如羊羹等。

除卻隨身攜帶而來的食物，在港烹製日本料理的起源，則是居港日僑在家中烹煮的日本料理，但由於不對外提供，因此不具備餐廳性質。1899 年 4 月，井口丑二（1871-1930）訪港時在「太田少尉的同僚富田的居所，食用了牛肉火鍋（鋤燒）」，鋤燒即為日語「鋤焼き」（すきやき / Sukiyaki），如今一般譯作「壽喜燒」。

另外，由在港日僑開設的日式雜貨舖在 1900 年前便已存在，比如早於 1891 年便開業的高野雜貨店，前身為轟田治良經營的雜貨店，店名已不考；高野雜貨店後轉手改名為荒川雜貨店。目前沒有充分的資料可以證明這些雜貨店售賣料理類商品，但食品類商品則有售賣。

日本商人在香港開埠早期便致力於推廣日本海產在中國的市場，如 1878 年前便已開業的廣業商會，原在士丹頓街和威靈頓街之間，旨在拓展日本海產在海外，特別是中國的市場；該會社 1882 年 8 月 7 日搬到海旁廿一號去，1882 年 10 月決定關門，1883 年 3 月職員歸國。由此可見日產海鮮等食材輸入香港的時間較早。部分在港設立分支機構的日本公司亦有以日本料理進行接待的記錄，比如三井物產會社香港支店在 1902 年 12 月為澀澤榮一（1840-1931）舉行的歡迎會中提供的便是日本菜。

1872 年日本派遣華裔日本人林道三郎出任駐港副領事，是為日本駐港領事館的起源。領事館或領事官邸有製作日本料理的廚師，在外事接待時會準備日本料理。正木照藏（1862-1924）1900 年 10 月訪問香港時便品嘗了日本料理，其在《漫遊雜錄》中提到「其間多番蒙我公司的支店長和上野領事等招宴，得以品嘗日本菜」。關於日本領事館提供日本料理的佐證頗多，乃木希典（1849-1912）1911 年 4 月訪港時曾出席領事官邸的日本菜晚宴；作家島崎藤村（1872-1943）1913 年 4 月訪港時吃過時任日本駐港總領事今井忍郎夫人招待的日本菜等等。

隨著商旅往來增多，香港在 1880 年代便已出現日式旅館。日式旅館形成於江戶時期，一般提供住宿和餐食服務。雖無法確定旅館中具體提供的菜式，但可肯定的是旅館中的日式料理亦是香港最早出現的日本菜品種之一。

1881 年，日本人橫瀨要吉開始在中環鴨巴甸街一帶開展下宿屋生意，下宿屋是一種包食宿的低級旅館。橫瀨要吉於 1887 年 5 月在鴨巴甸街 13 號開設橫瀨旅館，後改名東洋館。鴨巴甸街舊址因生意欠佳關閉，於 1890 年 3 月間遷往中環德輔道。日本人西山由造在 1887 年 6 月於威靈頓街開設西山商店，兼營旅館生意，亦是較早在港運營的日式旅館之一。1889 年 1 月，日本人大高佐市在中環開設大高旅館。井口丑二 1899 年 4 月訪港時鶴屋旅館已存在，其位於德輔道，店東是日本人石崎增次郎。1891 年前，已經存在的旅館有戶田旅店，店主戶田或為長崎人；另有安藤旅館等。1901 年便已在海旁經營的日本旅館有田中旅館、澤田屋等。

著名的清風樓原本為開設在電車路俗稱七彎半的半山一側的日本旅館，後來搬到海旁，至遲在 1901 年前清風樓便已在港營業。1910 年 1 月三宅克己（1874-1954）訪港時，仍記錄清風樓為旅館，當時其經營地址為中環德輔道 55 號。雖為旅館，但非住店者亦可在裡面用餐。根據其記錄，清風樓當時提供的食物包括天婦羅和鴨南蠻。所謂鴨南蠻是指以大蔥及鴨肉為配菜的熱湯蕎麥麵。

這些都是開業時間較早的日式旅館，從同時代日本商旅的記載來看，這些旅館的規格參差不齊，比如井口丑二和夏目漱石提及鶴屋時，均表示污穢不堪居住。旅館中提供的餐食相關資料則較少。

進入 20 世紀後，尤其 1902 年英國與日本簽訂《英日同盟》後，港日貿易商旅往來增多，而在港定居的日本人口亦有所增長。隨著需求的增加，在 1930 年「九一八事變」前，香港的日式旅館進一步增多，而日式餐館、咖啡館以及風月場所亦增加，都直接或間接豐富了香港二戰前的日本料理市場。但當時日本料理的服務對象仍是本地在住的日本僑民以及訪港日本人。

1904 年左右開業的東京酒店，其位於干諾道中和砵甸乍街交界處。由於干諾道中是在 1903 年港島北岸完成第二次大規模填海後始建成，因此東京酒店在該位址開業的時間不會早於 1903 年。1920 年代，東京酒店位於中環干諾道 38 號。此時原本為旅館的清風樓已逐漸轉變為餐館，原先清風樓與東京酒店隔著馬路相向而立，此時已經與東京酒店並排。至 1935 年後，清風樓已與東京酒店合併，位於東京酒店二樓，成為徹底的日式餐館。1937 年時仍有東京酒店和清風樓的記載，它們在二戰初期仍繼續經營。

松原旅館開業於 1905 至 1906 年間，經營者為松原次三郎。一開始主要租給遷往澳大利亞星期四島（Thursday Island）的移民作為旅途中的住宿處，後逐漸擴大經營，給旅港日僑提供住宿。至 1930 年代，松原旅館位於中環大道中 10 號。

1907 年 4 月前已經開業的大和館，位於中環干諾道。根據《華字日報》1907 年 4 月 6 日刊，有名為荒木大藏（Araki Taizo）的日本人於當年 4 月 4 日被四名日本男子刺傷身亡，事發地即為大和館。

這一時期香港亦開始出現較多日式餐館、洋食店以及咖啡館。需要注意的是，早期名為「咖啡館」的場所實際上為風月場所，比如根據在港日僑的回憶，1882 年在如今士丹利街上有兩家「女子屋」和一間咖啡館，均為風月場所。

井口丑二在 1899 年 4 月訪港時，曾在中環一帶「走進某家日本餐館進晚餐」，可見當時香港已有一定數量的日式餐館。早期在港經營的日本餐館中，西川宇之輔經營的烏冬麵（うどん）店位於威靈頓街，早在 1891 年便已存在；店面沒有掛出麵店的招牌，而是採用中式的合頁門。位於中環擺花街的二見屋在 1900 年 6 月前已存在，根據 1900 年訪港的黑田清輝（1866-1924）之記載，二見屋提供的日本料理有豆腐湯、雞、竹筍、松茸、煮甜藕、煎蛋、蝦和酸木瓜等；四開樓、德島館，以及位於灣仔一帶的常盤亭、住之家都早在 1901 年前便已開業，這兩家屬於高級日本餐廳。位於灣仔的和井田 1908 年前已經開業。

這一時期較為著名的日式餐館有野村樓，其店東為野村五郎，1901 年時位於中環士丹利街 44 號，多位旅港日僑都曾在遊記中提及這一餐廳。1903 年 2 月訪港的坪谷善四郎（1862-1949）在遊記裡寫道「晚上他就帶我到野村樓去。這家餐館不愧是香港首屈一指的日本餐館，座位整潔，菜餚也很美味」。據此可見野村樓為當時香港較為高檔的日式餐廳。

咖啡館有卑利街的佐伯咖啡館，1901 年前便已開業。其他咖啡館的名稱資料較少，難以考證。

隨著居港日本人增多，一些日本人社團及俱樂部組織開始出現，這些組織中也有提供日本料理的設施。1903 年，名為「大和會」的日本人網球俱樂部成立；1905 年 8 月初改為日本人俱樂部，1906 年 4 月 1 日日本人俱樂部在雪廠街 4 號宣佈成立；1909 年時俱樂部地址位於擺花街；1937 年 3 月首次聘用松原次三郎管理酒館和食堂，可見日本人俱樂部提供日本料理。

進入 1910 至 1920 年代，灣仔逐漸成為日本僑民聚居區，海旁一帶出現較多日本餐館。有名可查的有位於當時海旁東街的東京庵、お多福、銀松，以及千代の家、さぬき家、田舍庵、伏見屋、山川洋食店、加藤洋食店等。其中加藤洋食店和山川洋食店位於灣仔海旁東街，加藤洋食店既是餐館亦是咖啡館，同時也售賣洋酒。中環亦有日本餐館分佈，島崎藤村（1872-1943）1913 年 4 月訪港時，提到在中環某處找壽司店的經歷。除餐廳外，灣仔亦出現新的日本旅館，如佔地三層樓的旭館。位於堅尼地道的千歲花壇旅館在 1920 年代便已開業，並逐漸以日本料理聞名。

位於日本京都的本願寺早在 1900 年已派遣僧人到香港傳教，1908 年在灣仔道 117 號設置服務處。1914 年 12 月，香港本願寺開工興建，地址位於灣仔道 117 號。香港本願寺為四層木樓結構，一度為居港日僑中頗有影響力的寺廟。寺院僧侶進食的齋菜可認為是日本精進料理在香港的起源。精進料理即為日本料理體系中的素齋料理；但這一料理品類在香港未能扎根發展。1945 年 8 月日本無條件投降後，香港本願寺主持宇津木二秀將其捐獻給香港佛教界。

「九一八事變」前，在港日僑約有 3,500 人左右，事變後發生反日運動，減少了 1,000 人。「九一八事變」標誌著香港日本料理在第二次世界大戰前的發展進入低潮。

香港的反日情緒直到 1933 年仍十分顯著。「九一八事變」後日本輸入香港的貨物削減，只得全盛期的四分之一甚至五分之一（各月平均輸入 1,300 萬至 1,400 萬元），其差額由英、美兩國的輸入品取代。1935 年，隨著排日貨情緒的緩和和日元貶值，導致日本貨品價格低落，輸入額有逐漸增加的趨勢。1937 年「盧溝橋事變」後，日本開始全面侵華，港日關係再次進入全面低潮，香港的日本料理在此之後幾無發展。但仍有一些繼續經營的日本旅館以及日本餐館。

松原旅館 1937 年 11 月仍存在，但「盧溝橋事變」後，港英政府禁止日本人住宿，改為中央公寓，專租給中國人。另有一間名為不二屋的旅館在灣仔繼續經營。千歲花壇發展至 1930 年代從旅館逐漸轉型為日本餐館，諸多這一時期訪港的日本人均有相關記載。至 1938 年底，千歲花壇仍在繼續營業。根據 1937 年 11 月訪港的山本實彥（1885-1952）記錄，「盧溝橋事變」後港英政府將日本旅館進行了合併。山本實彥當時住在一間灣仔的藝伎店兼餐館中；而根據大宅壯一（1900-1970）的記載，灣仔仍有日式咖啡館；灣仔日本人聚居區仍可見到諸如壽喜燒、割烹等招牌。

1941 年，軒尼詩道上開設了日本餐廳老松，駱克道上則有更科。可見 1937 年「盧溝橋事變」後，雖然港日關係趨於緊張，灣仔日本人聚居區仍有部分日本餐館繼續經營。

1941 年 12 月 25 日香港總督楊慕琦（1886-1974）投降，香港淪陷。日佔時期香港物資匱乏，商業衰敗，居港日僑人口並未顯著增加。雖則偽港政府積極營造繁榮假象，例如 1942 年 11 月宣佈在灣仔駱克道設置日本人娛樂區，仿照東京淺草、大阪千日前等地的佈局，但實際上日本料理在港的發展陷入了停滯。

二、二戰後至回歸前香港的日本料理狀況

1945 年 8 月 15 日日本無條件投降，8 月 30 日香港宣告重光。在二戰後較長一段時間內，港日未恢復外事關係。1952 年日本駐港總領事館重開，標誌著港日關係逐漸正常化。二戰後香港的日本料理基礎幾乎推倒重建，與二戰前香港日本料理餐廳及日式旅館主要服務旅港日僑和訪港日本人不同，戰後香港日本料理開始逐漸成為本地餐飲業的有機組成部分。

二戰後最先在香港提供日本料理的是 1955 年開辦的日本

總領事館食堂，主要為領事館僱員提供餐食。同一年，香港日本人俱樂部重新成立，1960 年開始，俱樂部的餐廳為會員提供日本料理。發展至目前，香港日本人俱樂部內有三家日式餐廳，分別是日本料理さくら（Sakura）、家庭風格餐廳ボヒニア（Bauhinia）及居酒屋三菜。1955 年 2 月，繼舊金山後，香港成為日本航空第二個恢復航線的境外城市，港日經貿往來進一步恢復。

1960 年代，日本經濟進入高速發展時期。日資機構在港設立分支機構者增多，外派來港的日本人數量開始增加，據統計至 1969 年，在港日本人恢復到 1,156 人。隨著在港日僑數量增加，對日本料理的需求亦逐漸增多。1959 年，尖沙咀帝國酒店頂樓開設了東京餐廳（東京レストラン），作為早期在港開設的日本餐廳，東京餐廳主要用於在港日本人的商務接待，提供的食物有神戶牛肉做的壽喜燒、天婦羅等，相對當時香港的人均收入，消費較為高昂。1960 年，名古屋餐廳（名古屋レストラン）在尖沙咀彌敦道 67 號的凱悅酒店地下開業。尖沙咀是當時香港日本料理餐廳的聚集區。

1960 年，日本大丸百貨開設香港分店，位於銅鑼灣記利佐治街同百德新街交界，這是二戰後第一家進駐香港的日本百貨品牌。大丸百貨對於日本料理在香港的推廣和普及具有重要意義。在 1960 年代，經營日本食材和調味品的商店僅有吳寶舜開設的富士。隨著大丸百貨開始在港佈局，1966 年開始商場內部的超市裡開始售賣日本食品和調味品，包括神戶牛肉、壽喜燒、蟹、鮑魚、金槍魚、三文魚、燻製生蠔、海苔、泡麵、雪餅（霰餅）、仙貝（煎餅）等，為當時購買日本食品的唯一場所。1960 年代末，大丸百貨內開辦了一家日本料理餐廳和一家咖啡館，由新大阪酒店負責經營。餐廳內提供的料理種類有壽喜燒、天婦羅和神戶牛肉，但早期並不提供刺身和壽司，因彼時香港人尚不習慣生食。這家日本料理餐廳的消費相對當時香港的物價水準而言十分高昂，一份壽喜燒要價 80 港幣，彼時在大丸百貨工作的普通員工月薪在 210 港幣左右。開業之初，餐廳服務對象主要為在港日本人。除了開設日本料理餐廳外，大丸百貨還開始積極引入日本調味料，一是供百貨內的日本料理餐廳使用，二是提供給本地消費者。由此日本調味料的使用開始在香港推廣。

在大丸百貨開始將日本食品引入香港市場後，一些日本食品品牌開始在香港銷售及設廠生產，日本食品逐漸在港得到推廣。1969 年本地商人湯柏榮將日清食品的出前一丁速食麵引入香港。同一年，益力多（ヤクルト）在香港成立「香港益力多乳品有限公司」，開始製造和發售相關產品。

1960 年代中，一些被招待至大丸百貨內的日本餐廳用餐的富裕香港人，逐漸開始瞭解日本料理的味道，日本餐廳內開始出現主動去用餐的本地客人。隨著港日經貿往來加深以及日本料理消費群體的擴張，個別日本品牌餐廳開始設立香港分店。第一家來港開設分店的日本餐廳是歷史悠久的料亭金田中。1964 年金田中在美麗華酒店（Hotel Miramar）開設香港店，是當時香港最為高檔的日本料理餐廳。

1960 至 1970 年代是日本經濟高速發展期，亦是香港作為

「亞洲四小龍」之一的經濟騰飛期。1960 年代後期開始，香港開業的日本料理店增多，除了日本進駐的品牌外，本地投資人開設的日本料理餐廳亦開始湧現。比如位於香港士丹利街 13-17 號振邦大廈的日本料理柳生，是由本地投資人於 1960 年代開設的。

1970 年，大和飯店在尖沙咀亞士厘道 14 號亞士厘大廈一樓開業，其主廚為名古屋餐廳的前主廚梶田聖。該餐廳除了尖沙咀中心店和新世界中心分店外，在日本六本木也有分店。1972 年 4 月，大和飯店易手，八尾健二成為店東，將餐廳改名大阪日本料理。後搬入尖沙咀麼地道 71 號富豪九龍酒店一樓 106-109 號舖，鼎盛時期在銅鑼灣亦設有分店；2011 年開始交給香港食品供應商曾石忠經營。有日本留學經歷的吳舜寶 1960 年開始在大丸百貨負責食品調料業務。考慮到當時香港的日本料理都取價高昂，未能在市民階層普及，吳舜寶於 1970 年代在尖沙咀新世界中心 B2-20-31 開設日本料理大關。大關提供價格相對適宜的日本料理，並在 1980 年代最早引入日本料理自助餐形式。1972 年，金田中香港店的投資人在港開設岡半，是一家鐵板燒專門店。1970 年代，美心集團開始進入日本料理領域，在中環康樂廣場一號怡和大廈地庫開設桃山日本料理，2008 年結業。1970 年代末，日本留學回港的投資人在尖沙咀開設迴轉壽司。

順應日本料理在港的發展，1979 年由當時香港 24 家日本料理店（日式風格餐廳除外）中的 17 家代表以及與日本料理店有生意往來的企業代表，共同設立了香港日本料理店協會。

創立之初會長是大和飯店的梶田聖、秘書為日本料理大關的吳舜寶，金田中的柴田光次郎則為顧問。

隨著本港日本料理需求的增加，在港的日本廚師供不應求，於是一些餐廳開始以一對多的形式培養本地廚師。1980 年代開始，香港的日本料理進入蓬勃發展期，湧現出較多的新餐廳，既有日本品牌入駐，亦有本地主廚開設的日本料理店。1970 年代，香港日本料理店不足 10 家，至 1983 年已達到 34 家的規模。

1980 年美心集團在置地廣場地庫開設弁慶壽司吧，2022 年 11 月 28 日改名為賀菊。1987 年，弁慶壽司吧在啟德機場開設分店，是香港最早在機場開設的日本料理店。1970 年代末，銀座四季日本料理在中環干諾道一號富麗華酒店地庫開設香港分店；1980 年代中搬至金鐘夏慤道 16 號遠東金融中心 UG-A1 舖；與日方結束合作關係後，該餐廳改名為四季．悅日本餐廳繼續經營。1980 年，四季日本料理在大道中 20 號加任亞厘大廈還開設了四季鐵板燒。1980 年，銀座日本料理在尖沙咀梳士巴利道 18-24 號新世界中心地下開業，1981 年日本廚師見城俊二赴港，來銀座日本料理的壽司吧工作。1989 年，見城俊二獨立，在尖沙咀棉登徑 30 號地下開設見城日本料理，是整個 1990 年代香港最高級的壽司店之一，為香港日本料理培養了較多本土廚師。

1981 年開業的水車屋是當時第一家 24 小時營業的日本料理，位於尖沙咀漆咸道南 9 號地下。由於營業時間長，當時有較多明星光顧，後期還推出了女廚師料理的鐵板燒，一時成為城中熱門。鼎盛時期水車屋在銅鑼灣謝斐道 440 號駱克大廈一樓開有分店；2013 年結業。與早期日本料理主要集中在尖沙咀不同，1980 年代開設的日本料理店開始逐漸深入港島區。比如在銅鑼灣 Food Street 開設的日本料理蓬萊屋。1981 年具有悠久歷史的日本料理灘萬（なだ萬）在九龍香格里拉開設第一家海外分店，灘萬與香格里拉集團的合作由此開始，1991 年 3 月 1 日港島香格里拉開業，灘萬亦在其中設立分店。

一些在港日久的日本主廚以及本地培養的港籍日本料理廚師也開始獨立，形成了一批本土化的日本料理餐廳。1976 年來港的西村弘美原在金田中香港分店工作，1985 年開設了西村日本料理，最早位於富豪酒店，後搬至太古廣場，1992 年搬至馬可孛羅酒店內。西村日本料理在香港有較大影響力，亦培養了一批本土的日本料理廚師。1986 年，日本料理廚師林祥友與白韻琴及唯靈合資開設友和日本料理，最初位於告士打道，1989 年搬遷至灣仔駱克道 441 號 B 座地下，是當時較為著名的本地廚師主理的日本料理店。與日本本土分門別類較為專門化的餐廳不同，香港的日本料理店多走綜合發展路線，餐廳裡提供包括壽司、刺身、天婦羅、鐵板燒、傳統和食、鍋物料理以及燒烤料理等各種日本料理。一些日本料理餐廳根據本地食客調整口味，甚至運用傳統日本料理極少涉及的食材，比如 1985 年位於九龍塘聯合道 320 號高層地下 5 號舖的星日本料理酒廊還推出了大閘蟹菜單。

隨著港日經貿關係的深入，香港出現更多食品相關的貿易公司，日本一些百貨商店及超市品牌亦開始進一步佈局香港市場。1981 年，吳舜寶成立味珍味（香港）有限公司，是較早開始將金槍魚、日本和牛及波子汽水進口至香港的貿易公司；1980 年代後期開始，味珍味用空運方式運送日本蔬果及乳製品至港，後擴展到多種新鮮食材。1981 年開業的三本貿易公司位於銅鑼灣浣紗街，負責人姓劉，該公司以經銷日本食品為主，包括味噌類、油、調味品、米、雜貨、茶、日本零食、冷凍品、生魚片等；並獨家總經銷「美味」牌烏冬、「花舞」牌清酒、「本字」系列醬料及冷凍烏冬、「金九牌」青芥辣和壽司薑以及「平和」牌拉麵湯等。在這些貿易商的推動下，日本食品及調味品進一步進入香港人的日常生活。而 1984 年 12 月在沙田新城市廣場開設香港第一家分店的八佰伴，則進一步打開了日本食品在香港的市場。八佰伴銷售的日本食材和食品包括包裝生鮮肉、魚、冷凍食品、零食和調味品，整體價格較為平民；八佰伴亦是最早介紹日式快餐入港的商場，其食品區域有融合壽司、章魚燒等日本元素的西式套餐提供，還有大判燒（又稱今川燒，是一種以紅豆餡為主流的和菓子）售賣。八佰伴商場內還開設了山崎麵包，提供以日本原料製作的日式麵包，是香港第一家日式烘焙店。1985 年，八佰伴在銅鑼灣開設分店，食品區域開始提供各類卷壽司，為壽司及刺身在香港的普及起到了助力作用。在八佰伴的成功後，永旺於 1985 年 12 月在港成立香港分公司，名為吉之島百貨有限公司，並開始在港佈局零售業務。1987 年 11 月 20 日，在香港鰂魚涌康怡廣場開設 AEON 百貨店，2016 年 7 月改名為 AEON Style。1987 年 6 月，UNY 生活創庫在香港太古城中心二期開設香港店。

日本百貨公司及超市的入駐，引入了大量日本食品和調味料，提高了日本料理在香港的認可度。位於銅鑼灣希慎道一號二樓的香港家政中心，在 1985 年推出了日本菜課程，可見當時日本料理已是香港民眾較為熟悉的外國菜品種。

隨著在港日僑人數的增加，香港日本料理多樣性逐漸提高。拉麵在日本被認為是中華料理的一種，但日式拉麵已形成一套自身的料理特點。1984 年，居港日僑浦谷逸子在尖沙咀加連威老道 92 號幸福中心地庫 B 舖開設麵屋一平安，是香港最早的日式拉麵店。

進入 1980 年代後半期，更多不同類型的日本料理店在港開業。1987 年開業的稻菊是當年較為高檔的日本料理店，最初位於半島酒店；結業數年後，2002 年在帝苑酒店重開；2007 年搬遷至四季酒店。1988 年，日本廚師高林宏光在北角城市花園商場 36-38 號地下開設順壽司，是早期香港日本人主理的壽司專門店。1989 年，鄧崇光在沙田新城市廣場開設元祿迴轉壽司，與日本元祿壽司無關；1996 年更名為元綠壽司，全盛時期分店達 41 家。

進入 1990 年代，日本料理在香港的普及度進一步提高，與早期高消費為主不同，一些平民化的餐廳和品牌進入香港市民生活；一些餐廳為吸引客流，推出了本土化的日式料理。1991 年，日本連鎖簡餐品牌吉野家在灣仔中港大廈開設香港第一家分店，各類日式蓋澆飯和簡餐開始進一步融入香港市民生活。1993 年開業於紅磡崇潔街 37 號地下的加太賀日式和風料理是本土日本料理的代表店，其推出的「花之戀」以三文魚捲起醋飯，再添加蛋黃醬和蟹籽，是當時流行的菜品。

日本燒鳥為雞肉燒烤料理，在禁止食用哺乳動物肉的年代，雞肉和海鮮是日本人主要肉類來源。發展至今，燒鳥已形成完善的料理體系，一些高級燒鳥店亦走主廚菜單路線，力圖一個套餐內展示盡可能多的雞肉部位。1993 年，日本廚師大宗昇與幾位朋友合資在尖沙咀麼地道 71 號富豪九龍酒店一樓開設居酒屋錦，這是香港最早主打燒鳥和燒烤菜式的日式居酒屋，除居港日僑外亦吸引了不少本地食客。

1995 年在太子西洋菜南街 202 號地下開業的鐵板超是走平民化路線的鐵板燒餐廳。1995 年 3 月，元氣壽司在香港開設分店，2006 年被美心集團收購。1996 年，經過台灣商人劉壇祥改良後的熊本拉麵品牌味千由鄭威濤引入香港，以特許經營方式運作，一度成為早期香港影響力最大的日式拉麵店。隨後於同一年進入香港的 Domon 札幌拉麵則主要走北海道風格，一度在港開設有十多家分店。

1997 年亞洲金融危機後，香港日本料理的發展一度進入低潮。隨著社會經濟秩序的恢復，香港回歸後日本料理的發展迎來了新的高潮。

三、回歸後香港的日本料理狀況

隨著普通市民赴日旅遊增多，以及日本和食文化在世界範圍內的推廣，消費者對於日本料理的需求在 1997 年後進一步增長。香港回歸後的日本料理發展，不僅數量上引人注目，消費者在質量上更追求正宗，日本品牌的入駐顯著增多。

延續之前的發展路徑，香港仍有一些綜合性並帶有融合色彩的日本料理餐廳開業，其中較為著名的有松久信幸創立的南美風日本菜 Nobu，該品牌於 2006 年 12 月入駐香港，開設於當時的洲際酒店二樓，地址為尖沙咀梳士巴利道 18 號。2007 年，Rainer Becker 在倫敦創立的融合式綜合日本料理 Zuma 在香港開設首家海外分店，店址位於中環皇后大道 15 號置地廣場五樓。雖然 Zuma 的概念來自於日本居酒屋，但其融合了大量西餐和酒吧元素，消費定位亦較高。本地品牌方面，綜合性的日本料理有 2013 年開業的美村日本料理。後因所在商業樓拆遷，於 2014 年搬至尖沙咀廣東道 33 號中港城三座平台 2-3 舖，並改名為福村日本料理，兩家店的主理人均為西村日本料理的創始人西村弘美，料理風格亦延續西村日本料理各類料理均提供的特色。2013 年開業的 Ronin，主理人為加拿大籍以色列裔廚師 Matt Abergel，走威士忌吧與美式日本料理融合路線，一度成為城中熱門，屬於融合日本料理。

壽司仍是本地消費者較偏愛的料理種類，進入 21 世紀後，香港各檔次壽司店都有較為顯著的發展。隨著本地食客對日本料理的認知加深以及消費力的提高，中高檔壽司店開始較為廣泛地出現。2002 年，廣居祥演主理的壽司廣在銅鑼灣恩平道 42 號亨利中心 10 樓開業，該壽司店屬於中檔水平，經營面積較大，培養了一批本地壽司師傅。2002 年在銅鑼灣 491-499 號京都廣場八樓開業的壽司翔太，亦屬於中檔水平；該店於 2017 年搬遷至紅磡黃埔天地百合苑商場地下。一些來港工作較久的日本籍廚師也開始獨立經營，如 2006 年在尖沙咀金馬倫道 23-25A 金馬倫廣場二樓 B 室開業的壽司德（2015 年改名為三笠屋）。以及 2006 年在銅鑼灣軒尼詩道 523-527 號澳門逸園中心開業的壽司處今村。一些餐飲投資人開始考慮從日本引入品牌或廚師開設較為高端的壽司餐廳，比如 2007 年開業的鮨久，邀請了東京久兵衛的今田洋輔師傅做顧問，店址位於中環威靈頓 2-8 號威靈頓廣場 M88 一樓。此餐廳一度結業後於 2010 年在銅鑼灣堅拿道西 10 號冠景樓二樓重開，除了壽司外亦增加了天婦羅和鐵板燒，壽司主廚為佐藤太助。

2010 年，有投資人邀請北海道札幌壽司善的主廚佐瀨聰來港開設鮨佐瀨，這是香港回歸以來第一家體現日本當代高級壽司店風格的餐廳。與早期客人點單的壽司店不同，鮨佐瀨走的是主廚菜單（お任せ）風格。從此之後，香港的高級壽司店迎來發展高潮，而主廚菜單亦逐漸成為高級壽司店的主流用餐方式。2011 年，竹壽司在香港銅鑼灣開平道一號 Cubus 12 樓開業，該餐廳與東京的壽司幸第四代傳人杉山衛合作，主廚君島友紀雄由壽司幸派遣來港。

2012 年，東京著名壽司餐廳鮨吉武（鮨よしたけ）來港開設第一家海外分店，開啟了 21 世紀日本名店來港開設分店或子品牌的先河。店址為上環蘇杭街 29 號尚圜，原名鮨吉武，後因擔心與東京總店混淆而改名為志魂（すし志魂）。香港店首任主廚為宮川政明，副廚為柿沼利治，2014 年柿沼利治升為主廚。2013 年，東京壽司店銀座岩（銀座いわ）開設香港分店，最初店址位於雲咸街 8 號亞洲太平洋中心 30 樓，

29 樓設有岩炭火料理（後改名為美食俱樂部吉田）；2016 年銀座岩香港分店搬至皇后大道中 181 號新紀元廣場低座二樓 201 號 。在與日方終止合作後，香港分店改名為鮨わだつみ（Sushi Wadatsumi）繼續經營。2017 年開業的鮨とかみ（Sushi Tokami）亦來自東京，其日方投資人為最大的金槍魚批發商山幸（やま幸），店址位於尖沙咀廣東道 3-27 號海港城海洋中心二樓 216A 號舖。

2018 年 3 月 25 日，東京著名壽司店鮨さいとう（Sushi Saito）在香港開設分店，這是繼在馬來西亞吉隆坡開設副牌 Sushi Taka 後，齋藤孝司首次在海外開設主品牌分店。店址位於中環金融街 8 號香港四季酒店 45 樓部分 A 號舖。開業首日，齋藤師傅親自坐鎮，分店主廚為總店派來的小林郁哉；後小林回日本負責齋藤的新分店 3110NZ by LDH Kitchen，香港分店由齋藤的另一位愛徒久保田雅負責。

除外來品牌外，本地的中高級壽司店亦有新發展。2007 年開業的壽司喰位於中環威靈頓街 2-8 號威靈頓廣場 M88 一樓，由受訓於西村日本料理的向川哲主理。2013 年，麗新餐飲集團在灣仔活道 18 號萃峯地舖開設鮨魯山，主廚為藤澤昌隆；2017 年 5 月改名為鮨まさたか（Sushi Masataka），以主廚名字命名。2021 年 2 月，中日混血的本地壽司名廚森智昭與投資人在砵甸乍街 45 號 H Code 低座八樓開設 Mori，後因理念不合離職，由其副廚陳永健接手，改名寿し雲隠（Sushi Kumogaku）後繼續經營。陳永健師傅跟隨森智昭學藝十年，經驗豐富，學習能力強，其接手後雲隱成為了香港最為熱門的壽司店之一。

中高級壽司店之外，大眾化品牌及廉價連鎖壽司品牌亦有新發展。2004 年，鄭威濤創辦的和之味集團開設板前壽司，首家店位於尖沙咀；2007 年，板前壽司在東京赤阪開設第一間日本分店，同一年創立略微高檔的板長壽司品牌。鼎盛時期，板長壽司一度鋪設分店至北京上海等內地城市。2006 年，元氣壽司集團的稍高端迴轉品牌千両入駐香港，其在日本僅有茨城縣水戶市堀町一家店，但在香港鋪設了較多分店。2008 年，影星吳彥祖與合夥人在旺角朗豪坊開設 Monster Sushi，是娛樂明星投資餐飲的著名案例。2009 年，來自台灣的低價壽司品牌爭鮮壽司入駐香港，隨後幾年在地鐵站及市井街區開設了大量分店，主打廉價外賣壽司。

隨著香港民眾對日本料理認知的加深，包括懷石、割烹在內的和食餐廳亦有較多發展。2009 年，麗新餐飲集團在上環荷李活道 263 號地鋪開設 Wagyu Kaiseki Den，主廚為五月女廣之；2017 年，店鋪改名為 Kaiseki Den by Saotome，並搬遷至灣仔活道 28 號地鋪。Wagyu Kaiseki Den 是較早將日本當代高級會席料理介紹至香港的餐廳。2012 年，Global Link 餐飲集團引進東京著名餐廳龍吟，在港開設了第一家海外分店天空龍吟，店址位於尖沙咀柯士甸道西 1 號環球貿易廣場（ICC）101 樓。開業主廚為佐藤秀明，後佐藤氏獨立開設自己的餐廳，由副廚關秀道升任主廚。同一年，日本環球娛樂公司董事長岡田和生在紅磡環海街 11 號海名軒五樓開設以自己名字為名的割烹餐廳岡田和生，進一步推廣了正統和食文化。囿於文化及環境限制，香港以懷石為招牌的餐廳多為會席與割烹，因懷石是與茶道深度關聯的。

2014年開業的Thirty Eight在較大程度上還原了京都懷石餐廳的用餐流程和體驗，店內裝修、主廚及服務團隊都按照京懷石風格打造，店址位於半山堅道38號臻環一樓。2015年6月，日本人五嶋慎也在上環威靈頓街182號高層地下開設以清酒為主題的割烹店Godenya，其以菜配酒，一時成為城中話題。2015年12月，大阪著名餐廳柏屋在中環安蘭街18號八樓開設分店，為食客提供傳統的會席料理。2017年4月開業的割烹櫓杏，是香港首家以熊本縣物產為主題的和食店，地址位於尖沙咀彌敦道63號iSQUARE國際廣場28樓2801號舖。

2019年8月，京都著名懷石餐廳富小路やま岸（Tominokouji Yamagishi）在K11 Musea五樓開設第一家海外分店。香港店主廚為義井富明，京都店的山岸隆博師傅每季度均會來港客座。後因疫情原因難以成行，而義井主廚亦離職獨立開店，富小路やま岸香港店於2022年底結業。

天婦羅作為江戶前料理的著名品類，在香港日本料理市場中亦佔一定份額，但發展速度相對壽司與和食為慢。2006年在銅鑼灣恩平道42號亨利中心九樓開業的天扶良是香港較早的天婦羅專門店。2007年開業的岩浪天扶良日本料理，位於銅鑼灣軒尼詩道525號澳門逸園中心九樓，屬於早期天婦羅專門店裡較著名者。2014年7月，大阪天婦羅老店一寶在港開設分店，由第五代傳人關豐一郎主理。關豐一郎之前在上海開設一寶分店，後搬遷到香港，店址位於中環鴨巴甸街39號地舖。

日本燒鳥方面，較為代表性的有 2010 年開業的鳥信，位於銅鑼灣恩平道 42 號 12 樓，由壽司廣集團投資。2011 年，Matt Abergel 與 Lindsay Jang 合作開設燒鳥店 Yardbird，有別於傳統日式燒鳥，此店的風格更為西式和現代化，菜品上亦有一些非雞肉菜式。該店舊址位於上環必列者士街 33-35 號；2017 年底搬遷至上環永樂街 154-158 號地下。

2014 年 12 月，來自東京的燒鳥店酉玉在港開設分店，位於中環已連拿利 2 號地下。香港分店是該品牌繼新加坡之後的第二間海外分店，總店特意派出掌廚五年的松本浩暢師傅擔任香港店主廚。香港店的燒鳥品類與總店相若，細分 24 個部位，其中雞股部分由東京總店直送到港，其他部分則用本地農場走地雞製作。2019 年開業的 Birdie 位於中環砵甸乍街 45 號 H Code 低座九樓，使用炭火燒烤，是城中較受歡迎的燒鳥店。

居酒屋作為較為休閒的日式餐廳類型，在港亦有較大市場，由於其菜式多樣，消費相對低廉，在中低消費市場佔比較大；但部分日本品牌來港後，有意提高客單價，定位從中低端轉為高端。

回歸後開業的居酒屋中，較為著名的有 2000 年開業的石亭居酒屋，位於尖沙咀赫德道地下 11C 號舖，提供從刺身到天婦羅、串燒、壽司、漬物、茶泡飯以及拉麵等料理品種。2001 年，日本品牌和民在港開設海外第一家分店居食屋和民，和民主打的是大眾式日本料理，隨後在港鋪設了較多分店。相較於日本居酒屋一般規模較小且獨此一家的特點，和民走的是大規模綜合性經營和連鎖發展路線。

2011年，東京具有40多年歷史的居酒屋田舍家在港開設分店，位於尖沙咀柯士甸道西1號環球貿易廣場（ICC）101樓A舖。田舍家主打爐端燒料理，這是一種起源於宮城縣仙台市的鄉土料理，早期漁民多用地爐烤製漁獲，後一些居酒屋開始採用這一料理方式。店家設置大型方口火爐，在上面烤製菜式，完成後用船槳遞給食客。不同於東京店，香港田舍家除爐端燒區域外，還設有壽司吧枱、天婦羅區域以及鐵板燒，定位從中端上調至高價料理。

2012年開業的秀殿，位於銅鑼灣渣甸街54號富盛商業大廈三樓D室，一開始主打蛋包飯等居酒屋料理，後加入關西的炸串（串揚げ），並改名為串揚＆酒処「秀殿」（Hidden）。炸串的起源在學界存在爭議，秀殿製作大阪風格的炸串，以各類食材裹麵包糠及雞蛋炸製而成。2013年開業的權八亦是來自東京的品牌，作為居酒屋雖然提供的料理品種較多，但權八在宣傳上以蕎麥麵以及各類烤串為主打，店址位於銅鑼灣希慎道33號利園一期四樓。2015年，美心集團在金鐘太古廣場地下一層開設Kokomi，是一間綜合性的居酒屋。2016年，美心集團又在尖沙咀柯士甸道西1號圓方木區二樓2103-05號舖開設帯広はげ天（Obihiro Hageten），此品牌來自北海道，香港店主打天婦羅和來自北海道十勝綜合振興局的燒豬肉與和牛。

日本燒肉（焼き肉）一詞最早據說是假名垣魯文（1829-1894）在他的《西洋料理》（1872）中用來形容西方的烤肉法（grill）的。但日本在很長一段時間內都是嚴格的佛教國家，非海鮮肉類的食用是普遍禁止的。一直到江戶時代，肉禁漸開。

日本燒肉的形成深受朝鮮烤肉的影響，但經過幾十年的發展，日本燒肉在部位分隔、醃製處理以及食用方式上均形成了自己的特色。日本和牛以字母 ABC 以及數字 1 至 5 分級，其中字母代表一頭牛可以提供的食用肉比例，A 最多，C 最少；數字代表肉質等級，主要看油脂分佈以及色澤，5 為最高等級。

2005 年開業，位於尖沙咀廣東道 100 號彩星集團大廈 12 樓的和宴是香港第一家日式燒肉專門店，主打 A4 及 A5 級別的宮崎和牛，亦提供海鮮和蔬菜等。2015 年開業的焼肉グレート（Yakiniku Great）為來自東京的燒肉品牌，香港首家店位於上環皇后大道中 255 號 Manhattan Avenue 地下 1 號舖，後在 Soho 亦開設有分店。2016 年開業的 Nikushou 位於銅鑼灣耀華街 38 號 Zing! 22 樓，主打日本各地稀有和牛品質及部位，細分了和牛的部位切割；除燒肉外還提供時令的小料理。

鍋物料理方面，日式火鍋（しゃぶしゃぶ）和壽喜燒是較為常見的類型。香港多數綜合式日本料理店均會提供這兩類料理，亦有一些專門經營鍋物料理的日本餐廳開業。2005 年，與和宴燒肉同屬於 En Group 的禪八日本料理在尖沙咀廣東道 100 號彩星集團大廈六樓開業，是一家專門經營日式火鍋的餐廳，除此之外亦有壽喜燒提供。火鍋種類以宮崎和牛火鍋為主打，亦有蟹肉火鍋等提供。2005 年 12 月，來自日本的連鎖日式火鍋品牌溫野菜在尖沙咀廣東道 3-27 號海港城海運大廈 LCX 三樓 37A 號舖開設香港第一家分店，為一家走親民路線的連鎖日式火鍋餐廳。

2017 年 2 月在銅鑼灣登龍街 18 號 V Point 三樓開業的日本

料理鵬主打相撲火鍋（ちゃんこ鍋），該品牌來自日本。相撲鍋是日本鍋物料理的一種，早期為提供給相撲選手補充熱量食用。一些相撲選手退役後開設相撲火鍋店，由此將這種鍋物料理逐漸推廣。相撲火鍋的特點為分量大，內容豐富，主要為蛋白質和膠質豐富的食材。傳統上相撲火鍋亦禽類肉為主，避免利用四腳動物，因四肢著地對相撲選手而言意味著失敗。

壽喜燒方面，禪八日本料理雖也提供，但第一家專門以壽喜燒為主題的餐廳是 2017 年 5 月開業的すき焼森（Sukiyaki Mori），地址位於中環蘇豪荷李活道 66 號 LG 層。

其他日本料理門類亦有較大發展，拉麵店開設較多，較有代表性的有 2011 年 7 月入駐香港的著名日本拉麵品牌一風堂，由美心集團引入。2013 年，麵屋一平安創始人浦谷逸子的兒子浦谷康成在銅鑼灣加路連山道 3 號地舖開設了自己的拉麵品牌拉麵 Jo，之後在香港開設了多家分店。2013 年，來自福岡的一蘭拉麵在香港銅鑼灣謝斐道 440-446 號地下 F-G 號舖開設了第一家海外分店。2017 年 5 月，日本第一家獲得米其林一星的拉麵店蔦在香港開設第一家分店，地址位於銅鑼灣登龍街 18 號 V Point 地下 2 號舖。

鐵板燒方面，雖然港島香格里拉灘萬餐廳、稻菊餐廳等均設有鐵板燒區域，但到回歸後，香港才開始出現較為接近日本水準且以鐵板燒為主題的餐廳。2013 年，有投資人邀請東京著名鐵板燒餐廳「Ukai 亭」前廚師山下泰伸來港開設山下鐵板燒，店址位於中環擺花街 1 號一樓；後搬至中環士丹利街 11 號一樓。2013 年 8 月，原港島香格里拉酒店灘萬餐廳的鐵板燒主廚莫燦霖獨立開設了鐵板燒・鑄，地址位於大坑銅鑼灣道 134 號地下。

以自助餐形式開設的綜合式日本料理店頗受市民階層歡迎，其中 2010 年開業的大喜屋較具有代表性，其第一家店位於中環威靈頓街 2-8 號 M88 六樓，所製作的料理有所改良。日本咖喱品牌 CoCo 壹番屋於 2010 年 6 月進入香港，第一家店為九龍鱷魚恤中心店。百農社國際的日式飯糰品牌華御結自 2011 年在葵涌開設第一家分店後，在全港地鐵站及商場均有鋪設分店。

回歸以來，香港的日本料理發展迅速，開設的店鋪眾多，本篇僅擇各門類具有代表性的餐廳介紹之，以反映回歸後香港日本料理的發展面貌。

四、結語

香港日本料理的發展離不開二戰後港日經貿往來的頻密，以及日本流行文化全球推廣的功勞。香港市民對於日本流行文化喜聞樂見，赴日旅遊是十分普及的活動。根據日本觀光廳數據，2016 年全年，香港訪日人次約為 1,839,189 人，是重複訪日次數和每日平均消費額最多的國家或地區。

香港市民對於日本文化的喜愛是香港日本料理產業發展的消費基礎所在。隨著日本料理在全球範圍內的流行，香港市民對於日本料理的熱情高漲，促進了香港不同層次日本料理產業的發展。截止 2016 年底，香港有各類日本料理餐廳 2,500 間以上，覆蓋各個門類。2011 年，香港日本料理餐廳的收入合計為 80 億港幣，2016 年上升至 103 億港幣，複合年增長率為 5.2%。預計未來香港的日本料理產業將有更為廣闊的發展空間。

註

1 本篇寫於 2022 年 12 月至 2023 年 3 月，根據作者為《香港地方誌》撰寫的《日本料理》初稿修改增補而成。

參考文獻

＊筆劃順

書刊、報章

《香港日報》：《日本人娛樂區設在灣仔駱克道》，1942 年 11 月 29 日，第二版。

《華僑日報》，1985 年 10 月 26 日，第 4 張，頁 3。

《華僑日報》，1985 年 6 月 30 日，《彩色華僑》，頁 7。

Carol Chow:《洋味香港》，《Ambrosia 客道：The Magazine of The International Culinary Institute》，2016 年 9 月號。

大橋幸多：《香港の日本食市場普及の歷史的経緯に係る研究－外食市場における発展を中心に》，日本大學大學院綜合社會情報研究科，日本貿易學會研究論文第 10 號，2021（ISSN 2186-7577）

中村幸平：《新版・日本料理語源集》（日本：旭屋出版，2013 年 11 月 28 日第 7 版）

東鉄雄：《La Cocina de Acá》（京都：Hierro Co.,Ltd.，2022 年 6 月）

香港日本人俱楽部史料編集委員会：《香港日本人社会の歴史－江戸から平成まで－》（香港：香港日本人俱楽部，2005 年），頁 93-94。

徐成：《香港談食錄》第二卷「環宇美食」（香港：三聯書店，2022 年 6 月）。

高橋拓兒著，蘇暐婷譯：《十解日本料理：給美食家們的和食入門書》（台灣：麥浩斯出版，2014 年 6 月）

陳湛頤編譯：《日本人訪港見聞錄（1898-1941）》上卷（香港：三聯書店，2005 年 7 月）

陳湛頤編譯：《日本人訪港見聞錄（1898-1941）》下卷（香港：三聯書店，2005 年 7 月）

奧谷仁、さとうあきこ：《比良山荘の 一年　京の山里かくれ宿》（東京：集英社，2014 年 7 月 6 日第 2 版）

瀬川慧編撰：《「すし」神髄　杉田孝明》（東京：プレジデント社，2019 年 9 月 18 日）

網頁

《Zuma 開業十三週年慶典　呈獻期間限定週年盛宴》，Esquire HK，2020 年 6 月 6 日發佈，2023 年 2 月 12 日瀏覽，https://today.line.me/hk/v2/article/yYGxq6

《ユニー》，維基百科，2021 年 1 月編輯，2023 年 2 月 12 日瀏覽，https://ja.wikipedia.org/wiki/%E3%83%A6%E3%83%8B%E3%83%BC

《一風堂》，維基百科，2023 年 2 月 4 日最後編輯，2023 年 2 月瀏覽，https://zh.wikipedia.org/zh-hk/%E4%B8%80%E9%A3%8E%E5%A0%82

《元氣壽司》，維基百科，2023 年 1 月 27 日最後編輯，2023 年 2 月瀏覽，https://zh.wikipedia.org/zh-hk/%E5%85%83%E6%B0%A3%E5%A3%BD%E5%8F%B8

《日式飯團獲港人歡心　華御結擬兩年擴至 200 分店》，2018 年 6 月 21 日發佈，2023 年 2 月瀏覽，https://topick.hket.com/article/2098438

《永旺百貨》，維基百科，2021 年 9 月 4 日編輯，2023 年 2 月 12 日瀏覽，https://zh.wikipedia.org/zh-hk/%E6%B0%B8%E6%97%BA%E7%99%BE%E8%B2%A8

《田舍家》，Timeout，https://www.timeout.com.hk/hong-kong/hk/%E9%A4%90%E5%BB%B3/%E7%94%B0%E8%88%8D%E5%AE%B6

《名店舊班底捲土重來》，U Food，2010 年 8 月 18 日發佈，2023 年 2 月瀏覽，https://food.ulifestyle.com.hk/restaurant/news/detail/1569922/%E5%90%8D%E5%BA%97%E8%88%8A%E7%8F%AD%E5%BA%95%E6%8D%B2%E5%9C%9F%E9%87%8D%E4%BE%86

《老牌壽司店見城重開》，香港人遊香港，2018 年 8 月 26 日發佈，2023 年 2 月 12 日瀏覽，https://hkppltravel.com/51322/foods/kln/ytm/%E3%80%90%E8%80%81%E7%89%8C%E5%A3%BD%E5%8F%B8%E5%BA%97%E8%A6%8B%E5%9F%8E%E9%87%8D%E9%96%8B%E3%80%91/

《味千拉麵》，維基百科，2022 年 8 月 15 日，https://zh.wikipedia.org/zh-hk/%E5%91%B3%E5%8D%83%E6%8B%89%E9%BA%B5

《味故事》，味珍味官方網站，2023 年 2 月瀏覽，https://www.aji-no-chinmi.com.hk/zh_hk?desktop=false#aji-story

《和食宗師重建家園》，昔日太陽，2014 年 6 月 30 日發佈，2023 年 2 月 12 日瀏覽，http://the-sun.on.cc/cnt/lifestyle/20140630/00479_001.html

《食字部：和味五十年　鬥平　鬥專》，2013 年 4 月 13 日發佈，2023 年 2 月瀏覽，https://articles.zkiz.com/?tag=%E5%91%B3%E4%BA%94

《香港美心集團》，百度百科，2023 年 2 月 12 日瀏覽，https://baike.baidu.com/item/%E9%A6%99%E6%B8%AF%E7%BE%8E%E5%BF%83%E9%9B%86%E5%9B%A2/5192017

《香港首間拉麵店｜失婚喪父｜日婦打拚 30 年｜靠長崎拉麵養大兩子》，食客知味，

2021 年 2 月 8 日發表，2023 年 2 月 11 日瀏覽，https://www.sikhak.com/sikhak/food-story-ippei-an-noddle-house/

《特別菜單　賀兩歲生辰》，東 網，2014 年 4 月 16 日發佈，2023 年 2 月瀏覽，https://hk.on.cc/hk/bkn/cnt/lifestyle/20140416/bkn-20140416185602529-0416_00982_001.html

《張國榮香港足跡　水車屋日本餐廳（已結業）》，《張國榮足跡站》，2021 年 3 月 23 日發佈，2023 年 2 月 12 日瀏覽，http://www.leslie-star.com/news/?477.html

《銅鑼灣日本料理大放送》，U Food，2010 年 12 月 1 日發佈，2023 年 2 月 12 日瀏覽，https://food.ulifestyle.com.hk/restaurant/news/detail/1570477/%E9%8A%85%E9%91%BC%E7%81%A3%E6%97%A5%E6%9C%AC%E6%96%99%E7%90%86%E5%A4%A7%E6%94%BE%E9%80%81

《鄭威濤》，維基百科，2022 年 10 月 28 日最後編輯，2023 年 2 月瀏覽，https://zh.wikipedia.org/zh-tw/%E9%84%AD%E5%A8%81%E6%BF%A4

《擴闊日式餐飲版圖》，中華人民共和國香港特別行政區政府投資推廣署，2017 年 3 月 17 日發佈，2023 年 2 月瀏覽，https://www.investhk.gov.hk/zh-hk/case-studies/expand-japanese-dining-broader-horizon.html

《灘萬餐廳官網》，2023 年 2 月瀏覽，https://www.nadaman.co.jp/restaurant/hongkongisland/

Ami：《結業壽司店 7 間回顧　集體回憶：迴轉壽司始祖元綠＋明將紅豆軍艦｜區區搵食》，新假期，https://www.weekendhk.com/%e9%a3%b2%e9%a3%9f%e7%86%b1%e8%a9%b1/%e7%b5%90%e6%a5%ad%e5%a3%bd%e5%8f%b8%e5%ba%97-%e5%85%83%e7%b6%a0%e5%a3%bd%e5%8f%b8-%e6%98%8e%e5%b0%87%e5-%a3%bd%e5%8f%b8-ww05-1308609/

CC 長期餓：《溫野菜》，2015 年 12 月 1 日發佈，2023 年 3 月瀏覽，https://hk.ulifestyle.com.hk/spot/detail/425599/%E6%BA%AB%E9%87%8E%E8%8F%9C/2

En Group 官網，2023 年 3 月瀏覽，https://en.com.hk/main/index.php/about/?lang=zh-hant

Forever Hea：《CWB 壽司廣》，2010 年 5 月 23 日發佈，2023 年 2 月 20 日瀏覽，http://letmekisshea.blogspot.com/2010/05/cwb_5533.html

Hayley Yu：《亞洲 50 佳餐廳 2022 榜單公布：東京 Été 的日本廚師庄司夏子獲選亞洲最佳女主廚！》，Tatler Asia 網站，2022 年 2 月 19 日發佈，2023 年 11 月瀏覽，https://www.tatlerasia.com/dining/food/natsuko-shoji-named-asias-best-female-chef-2022-zh-hant

Ifoodcourt：《Domon 札幌拉麵　Domon Sapporo Ramen》，2023 年 3 月瀏覽，https://ifoodcourt.com.hk/domonsappororamen

Rachel Tan 撰寫，LY 翻譯：《柏屋：在大阪和香港兩地閃耀的星星》，米芝蓮指南官網，https://guide.michelin.com/hk/zh_HK/article/features/being-kashiwaya-keepingits-stars-burning-bright-in-osaka-and-hong-kong

文顥宗：《【大喜屋上市】12 間放題店全線賺錢　呢間分店你估唔到咁好搵》，2019 年 6 月 18 日發佈，2023 年 3 月瀏覽，https://www.hk01.com/%E8%B2%A1%E7%B6%93%E5%BF%AB%E8%A8%8A/341651/%E5%A4%A7%E5%96%9C%E5%B1%8B%E4%B8%8A%E5%B8%82-12%E9%96%93%E6%94%BE%E9%A1%8C%E5%BA%97%E5%85%A8%E7%B7%9A%E8%B3%BA%E9%8C%A2-%E5%91%A2%E9%96%93%E5%88%86%E5%BA%97%E4%BD%A0%E4%BC%B0%E5%94%94%E5%88%B0%E5%92%81%E5%A5%BD%E6%90%B5

日本香港人協會：《香港の日本料理店とメニュー》，2021 年 10 月 19 日發佈，2023 年 2 月瀏覽，https://jphker.org/ja/2021/10/japanese-restaurant/

加太賀官網，2023 年 2 月瀏覽，http://www.katiga.com.hk/company.html

氷室利夫：《日本食いいね》，香港ポスト，2021 年 1 月 22 日發佈，2023 年 1 月瀏覽，https://hkmn.jp/%E6%97%A5%E6%9C%AC%E9%A3%9F%E3%81%84%E3%81%84%E3%81%AD/

早早為了食：《日本相撲名人駕到！重量級相撲火鍋店》，U 港生活，2017 年 2 月 7 日發佈，2023 年 2 月瀏覽，https://hk.ulifestyle.com.hk/spot/detail/426927/%E6%97%A5%E6%9C%AC%E7%9B%B8%E6%92%B2%E5%90%8D%E4%BA%BA%E9%A7%95%E5%88%B0-%E9%87%8D%E9%87%8F%E7%B4%9A%E7%9B%B8%E6%92%B2%E7%81%AB%E9%8D%8B%E5%BA%97/2

西村日本料理餐廳官網，2023 年 1 月瀏覽 https://www.nishimura.com.hk/about

投資推廣署新聞公報：《熊本縣主題和食料理店在港開業》，2017 年 4 月 21 日發佈，2023 年 3 月瀏覽，https://www.info.gov.hk/gia/general/201704/21/P2017042000445p.htm

岩浪天扶良日本料理臉書專頁，2022 年 5 月 23 日發佈，2023 年 2 月 12 日瀏覽，https://www.facebook.com/profile.php?id=100064161425061

爭鮮壽司香港官網，2023 年 2 月瀏覽，https://www.sushiexpress.com.hk/about/

香港日本人俱樂部官網，2023 年 2 月瀏覽，http://www.hkjapaneseclub.org/en

香港吉野家臉書專頁，2016 年 9 月 15 日發佈，2023 年 2 月瀏覽，https://www.facebook.com/hk.yoshinoya/photos/%E5%86%8D%E8%A6%8B%E5%85%83%E7%A5%96%E5%BA%9725%E5%B9%B4%E5%89%8D%E7%AC%AC%E4%B8%80%E9%96%93%E9%A6%99%E6%B8%AF%E5%90%89%E9%87%8E%E5%AE%B6-E5%88%86%E5%BA%97-%E7%81%A3%E4%BB%94%E4%B8%AD%E6%B8%AF%E5%A4%A7%E5%BB%88%E5%88%86%E5%BA%97%E6%9C%83%E5%96%BA%E4%BB%8A%E5%80%8B%E6%98%9F%E6%9C%9F%E6%97%A5189%E6%AD%A3%E5%BC%8F%E7%B5%90%E6%A5%AD%E5%B0%87%E6%9C%83%E6%90%AC%E9%81%B7%E5%88%B0%E5%8F%B0%E5%B1%B1%E4%B8%AD%E5%BF%83%E5%A4%9A%E8%AC%9D%E5%A4%A7%E5%AE%B6%E5%A4%9A%E5%B9%B4%E5%9A%9F

%E4%B8%80%E7%9B%B4%E6%97%A2%E6%94%AF%E6%8C%81%E5%90%89%E9%87%8E%E5%AE%B6-25%E4%B8%BC%E5%B9%B4-%E4%B8%8D%E6%8D%A8/1-0153903948218730/?locale=zh_HK

徐成：《Nobu－松久信幸的南美日本菜》，走走吃吃，2018 年 1 月 7 日發佈，2023 年 2 月瀏覽，https://www.eatravelife.com/article/index/details?aid=188

徐成：《我的割烹飯堂》，走走吃吃，2020 年 3 月 16 日發佈，2023 年 2 月瀏覽，https://www.eatravelife.com/article/index/details?aid=252

徐成：《和宴－香港餐廳注釋 59》，走走吃吃，2018 年 1 月 6 日發佈，2023 年 3 月瀏覽，https://www.eatravelife.com/article/index/details?aid=162

梁彩：《拉麵 Jo：拼盡全力做好每碗拉麵》，米芝蓮指南，2017 年 10 月 13 日發佈，2023 年 2 月瀏覽，https://guide.michelin.com/hk/zh_HK/article/dining-out/bib-ramen-jo

陳志雄：《錦燒鳥處：二十四年不斷的爐火》，米芝蓮指南，2017 年 8 月 25 日發佈，2023 年 2 月瀏覽，https://guide.michelin.com/hk/zh_HK/article/dining-out/%E5%BF%85%E6%AF%94%E7%99%BB%E6%8E%A8%E4%BB%8B_%E9%8C%A6

陳彬雁：《有請大廚：莫燦霖，IM Teppanyaki & Wine 總廚及創辦人》，米芝蓮指南，2016 年 12 月 4 日發佈，2023 年 3 月瀏覽，https://guide.michelin.com/hk/zh_HK/article/people/im-teppanyaki-and-wine

陳彬雁：《壽司的規則》，Michelin Guide 網站，2018 年 4 月 2 日發佈，2023 年 10 月瀏覽，https://guide.michelin.com/hk/zh_HK/article/features/sushisaito

黃柏高：《嘗和味》，東周網，2023 年 1 月瀏覽，https://eastweek.my-magazine.me/main/10974

壽司喰官網，2023 年 3 月瀏覽，http://www.sushikuu.com.hk/cn/chef.php

褚愛琪：《大和燒鳥 1 雞 24 味》，昔日東方，2014 年 12 月 6 日發佈，2023 年 2 月瀏覽，https://orientaldaily.on.cc/cnt/lifestyle/20141206/00296_001.html

權八香港店官網，2023 年 3 月瀏覽，http://www.gonpachi.com.hk/

責任編輯
寧礎鋒
書籍設計
姚國豪

書名
日本尋味記㈠
作者
徐成

出版
三聯書店（香港）有限公司
香港北角英皇道 499 號北角工業大廈 20 樓
Joint Publishing (H.K.) Co., Ltd.,
20/F., North Point Industrial Building,
499 King's Road, North Point, Hong Kong
香港發行
香港聯合書刊物流有限公司
香港新界荃灣德士古道 220-248 號 16 樓
印刷
寶華數碼印刷有限公司
香港柴灣吉勝街 45 號 4 樓 A 室
版次
2024 年 3 月香港第一版第一次印刷
規格
大 32 開（140mm x 200 mm）336 面
國際書號
ISBN 978-962-04-5436-3

三聯書店
http://jointpublishing.com

JPBooks.Plus
http://jpbooks.plus